情報・電子入門シリーズ 2

基礎制御工学
［増補版］

小林伸明・鈴木亮一　著

共立出版

情報・電子入門シリーズ

刊行のことば

　メモリチップを例にとると，この20年間3年ごとに集積度が4倍に増えるという集積回路技術の驚異的な進歩をベースにして，エレクトロニクス，コンピュータはすべての産業分野の基盤技術となってきている．これからは電子・情報工学を専門としない学生・技術者から一般ビジネスマンにいたるまで，この分野の知識が必要不可欠となるであろう．

　本シリーズはこのような趨勢をうけて，進歩の激しいハイテク分野をわかりやすく解説し，電子・情報系の学生，技術者のみならず，専門外の方々でもついていけるよう工夫された入門書である．いずれも基礎的な内容を中心とし，必要な数式は導出過程を明らかにしている．なるべく例題を豊富にあげ，章末には演習問題をまとめてあるので，教科書としても，自習書としても自分の理解度を確かめながら先へ進んでいくことができよう．

　これからの高度情報化社会でわが国が先端技術をリードしていくためには，技術者の層の厚さと質の向上をはかっていかなければならない．本シリーズがその目的に貢献できることを願うものである．

編集委員

柳澤　　健　東京工業大学名誉教授・工学博士
寺田　浩詔　大阪大学名誉教授・工学博士
志村　正道　東京工業大学名誉教授・工学博士
白川　　功　大阪大学名誉教授・工学博士
大附　辰夫　早稲田大学教授・工学博士
古田　勝久　東京工業大学名誉教授・工学博士

JCOPY ＜出版者著作権管理機構委託出版物＞
本書の無断複製は著作権法上での例外を除き禁じられています．複製される場合は，そのつど事前に，出版者著作権管理機構（TEL：03-5244-5088，FAX：03-5244-5089，e-mail：info@jcopy.or.jp）の許諾を得てください．

増補版にあたって

　本書は初版発行以来，多くの方に支えられ増刷を重ねることができました．ここに謝意を表する次第です．

　増補改訂にあたっては，従来の記述に多少の加筆，訂正を試み理解し易いよう努めると共に，PID 制御および付録として，技術計算のために MATLAB の活用について補足したが，基本的内容には変更はない．

　PID 制御は制御工学の内容を承知しなくても，フィードバック制御系の構成が容易にできることから，メカトロニクスやロボティクス関連の学科の初年度において，実際の対象物を動作させる導入教育によく用いられている．このため増補版では，PID 制御を周波数応答による設計の関連として説明を加えることとした．また計算技術については急速にソフトウェアが整備され，今日では手軽に使用できることから，本書に係わる重要な内容を紹介する．これらが本書の理解を一層深めるために活用されることを期待するものである．

　2016 年 2 月

著　者

はしがき

　各種産業の自動化技術の進歩に伴い，制御工学は電気，機械，化学，航空などあらゆる分野における基礎学問となりつつある．たとえば，機械工学の分野でも自動制御機械の発達とともに，機械を造る側の技術者，使う側の技術者，いずれもそこに使われている制御工学や，計算機に関する基礎知識が必要とされてきた．

　このように高技術化時代の要請により，情報，電子系以外の分野の技術者に対しても素養として制御工学の知識が要求されていることから，本書は情報，電子系以外の学生，技術者のための制御工学の入門書として企画されたもので，著者が金沢工業大学機械システム工学科2年次の講義ノートをもとに，これに補足，修正を加えてまとめたものである．したがって，初学者に対して自動制御系の解析から設計に至るまでの，制御工学の概要が理解できる内容で書かれている．また，必要とされる数学の基礎事項も一とおり解説してあるので，理工系大学低学年，あるいは高等専門学校学生の教科書，参考書として利用できるものと思われる．

　執筆に際しては，
1．制御工学についてまったく予備知識のない読者にも理解できるように，できるだけ図例を活用していねいに解説した．
2．制御工学の基本的な考えが分かるように，記述の内容を一入出力の線形制御系の解析，設計の基礎事項に限定した．
3．各項目の説明の後には，簡単な例題を多く載せ内容の理解の助けとなるようにした．
4．解析，設計手法については，その使い方が分かるように手順を分かり易くまとめた．

などに留意して書いてあるので，最初からていねいに学習すれば制御工学の

基礎知識は十分修得できることと考える．

　終わりに，本書を執筆することをお勧めいただき，また著者の研究指導を賜りました東京工業大学古田勝久先生，並びに日頃研究指導いただきます防衛大学校中溝高好先生，金沢工業大学神崎一男先生に感謝申し上げます．

　また，本書の作成にあたり図面の清書，問題解答のチェックをお手伝いいただいた桜井光広君，永冶広幸君，並びに共立出版（株）瀬水勝良氏，安原勇氏に感謝致します．

　　1988年9月

小 林 伸 明

もくじ

1 制御工学の概要

1.1	自動制御の基礎概念	1
1.2	自動制御系の基本構成	4
	演習問題	7

2 自動制御の基礎数学

2.1	複素数	10
2.2	ラプラス変換の導入	14
	A. ラプラス変換の定義	14
	B. 逆ラプラス変換	17
2.3	ラプラス変換の基本的性質	18
2.4	部分分数展開による逆ラプラス変換	25
2.5	線形微分方程式解法へのラプラス変換の適用	29
	演習問題	31

3 自動制御系の表現

3.1	伝達関数	33
3.2	要素の伝達関数の例	35
3.3	ブロック線図	41
	A. ブロック線図の描き方	41
	B. ブロック線図の基本結合法則	43
	C. ブロック線図の等価変換	47
3.4	基本的自動制御系のブロック線図	53
	演習問題	55

4 過渡応答法

- 4.1 インパルス応答 … 58
- 4.2 ステップ応答 … 61
- 4.3 一次遅れ系のステップ応答 … 63
- 4.4 二次遅れ系のステップ応答 … 66
- 4.5 その他の過渡応答 … 70
- 演習問題 … 72

5 周波数応答法

- 5.1 伝達関数と周波数特性 … 74
- 5.2 ベクトル軌跡 … 77
  - A. 簡単な要素のベクトル軌跡 … 77
  - B. ベクトル軌跡の性質と特徴 … 82
- 5.3 逆ベクトル軌跡 … 85
- 5.4 ボード線図 … 86
  - A. 簡単な要素のボード線図 … 86
  - B. ボード線図の特徴 … 93
- 5.5 ゲイン位相線図 … 96
- 演習問題 … 98

6 制御系の安定判別

- 6.1 制御系の安定性 … 100
- 6.2 ラウス，フルビッツの安定判別法 … 104
  - A. ラウスの方法 … 104
  - B. ラウス法の特殊な場合 … 106
  - C. フルビッツの方法 … 108
- 6.3 ナイキストの安定判別法 … 111
- 6.4 ナイキストの安定判別法と特性根との関係 … 115
- 演習問題 … 120

もくじ　ix

7　制御系の性能

7.1　開ループと閉ループの周波数特性　　　*123*
7.2　安定度についての目安　　　*131*
　　A．ゲイン余裕，位相余裕　　　*132*
　　B．M_p 規範　　　*134*
7.3　速応性についての目安　　　*137*
7.4　定常特性　　　*140*
　　A．定常位置偏差　　　*141*
　　B．定常速度偏差・定常加速度偏差　　　*142*
　　C．制御系の型と定常偏差　　　*143*
　　演習問題　　　*145*

8　制御系の補償

8.1　自動制御系の設計の概要　　　*148*
8.2　ゲイン調整　　　*150*
　　A．M_p 規範によるゲインの調整法　　　*150*
　　B．位相余裕によるゲインの調整法　　　*154*
8.3　補償の概念と種類　　　*155*
　　A．直列補償　　　*156*
　　B．フィードバック補償　　　*164*
8.4　PID 制御　　　*167*
　　演習問題　　　*171*

9　根軌跡法

9.1　根軌跡の概念　　　*172*
9.2　根軌跡の性質，求め方　　　*174*
9.3　根軌跡法の例題　　　*179*
　　演習問題　　　*182*

演習問題解答　　　*184*
付録　MATLAB の活用　　　*201*

参考文献	*209*
さくいん	*210*

1 制御工学の概要

本章では，初めて制御工学を学習するに当たり，制御あるいは自動制御がどのようなものであるかを把握するために，簡単な例を使ってその概念と基本的な自動制御系の構成や制御工学で使われる用語を解説する．

　機械化，自動化技術の急速な進歩によりわれわれの日常生活の中にも自動制御装置は多く見られ，手軽に使われている．また制御工学で使われる用語についても常用されているものもある．この章では比較的身近に存在する簡単な自動制御装置を例に自動制御の概念や用語を整理して，自動制御とはどのようなものなのか，その構成がどのようになっているのかを大雑把にとらえられるように説明する．また本書で学ぶ制御工学の概要や必要性を簡単に述べておく．

1.1 自動制御の基礎概念

　自動制御（automatic control）とはどのようなものかその概念を説明しよう．まず人が何か行動するとき，多くの場合何らかの目的があり，その目的を達成するように行動する．たとえばわれわれが，車を運転している場合のハンドル操作は，道路上を正しく，障害物を避けて安全に走行するように行われている．道路上を安全に走行するという目的に合致するようにハンドル操作によって車の走行する方向に訂正動作を加えているわけである．このように目的に合うように訂正動作を加えることが**制御**（control）の概念である．さらにハンドル操作のような訂正動作を，人間の手によらずに装置によって自動的に行うのが自動制御である．

もう1つ身近な例をあげて自動制御の意味を詳しく述べてみよう．図1.1のように電熱器とスイッチだけのコタツを考える．コタツは内部を適当な暖かさに保つ機能が要求されている．これが目的である．この例では，人がコタツ内に足を入れその暖かさを感じてスイッチを開閉する訂正動作を加えれば，コタツ内の温度はほぼ希望する温度に保たれ目的に合った働きをする．したがって，これは人の力を介して制御がなされていることになる．

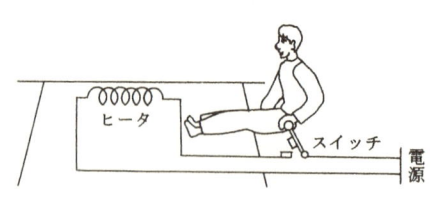

この一連の動作(信号)の流れを考える．まず電源を入れれば電熱器が作動しコタツ内の温度は徐々に上昇していく．人は足の皮膚感覚によってコタツ内の温度を**検知**しているから，コタツ内の温度が上昇して適温を超えればこれを感じて**比較**，**判断**してスイッチを開く**操作**を行う．スイッチを開けば熱源は失われるからコタツ内の温度は徐々に下がり，再び人はこの温度の低下を感じて適温と比較，判断し適温以下となればスイッチを閉じる操作を行う．このような手順を繰り返してコタツ内の温度はほぼ一定に希望の温度に保たれるわけである．人の動作は目標温度とコタツの温度を比較し，これを判断して手でスイッチを操作し，この結果を皮膚によって検知するという循環した手順

目標温度 ── 比較 ── 判断 ── 操作 ── コタツの温度
                                    │
                                   検知

が繰り返し行われていることが分かる．動作の循環した様子が示すように，操作を加えた結果からスイッチの開閉動作という原因の修正を行う動作をフィードバック(feed back)という．

上に述べたコタツでは人間の動作によって制御がなされている．そこですべての人の動作を装置に置き換えて自動的にコタツ内の温度を目標温度に保つようにしたものを考える．このため，コタツ内の温度をセンサーで検出する．目標温度と温度センサーから得た温度と比較し，目標温度より低い場合にスイッチを閉じ目標温度より高ければスイッチを開くようにすれば，人の操作なく，コタツ内の温度を一定に保てる．手動による場合と自動的に適温に保てる場合の動作の流れを比較すると図1.2のようになる．

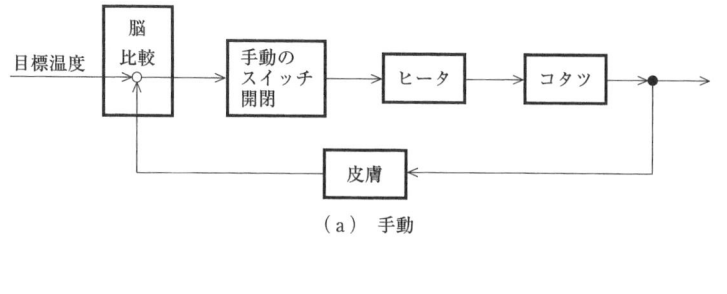

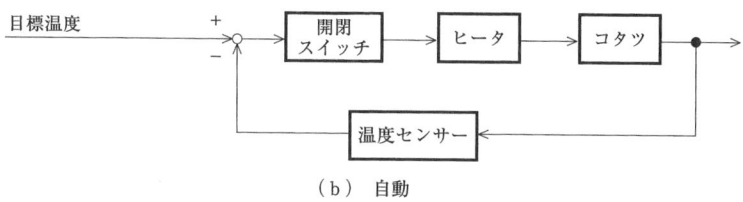

```
目標温度 →○→[脳 比較]→[手動のスイッチ開閉]→[ヒータ]→[コタツ]→
                              ↑                          │
                              └──────[皮膚]←─────────────┘
```

(a) 手動

```
目標温度 →○(+,−)→[開閉スイッチ]→[ヒータ]→[コタツ]→
           ↑                                  │
           └────────[温度センサー]←────────────┘
```

(b) 自動

図1.2 信号,動作の流れの比較

いままで述べた例から考えると,

制御とは"ある目的に適合するように対象となっているものに所要の操作を加えること"であり,自動制御とは"制御装置によって自動的に行われる制御"である.
と規定されることが理解できる.ただし,制御はフィードバックによって訂正動作を行うものを含んだ広い意味に使われるが,本書では上述の例のようにフィードバックのある制御を扱う.

またコタツはヒータ,温度センサー,スイッチなどの構成要素が目的に合うように組み合わされたものであるから全体を系(**システム system**)と呼ぶことができるので,1つの**自動制御系**(Automatic control system)といえる.

1.2 自動制御系の基本構成

自動制御系は制御される**制御対象**（controlled system）と**制御装置**（controller）に大きく分けることができ，さらに制御装置は**検出部**（detecting means），**調節部**（controlling means），**操作部**（final control element）からなり，基本的に図 1.3 のような構成になる．各部の機能と用語の簡単な説明をしておこう．

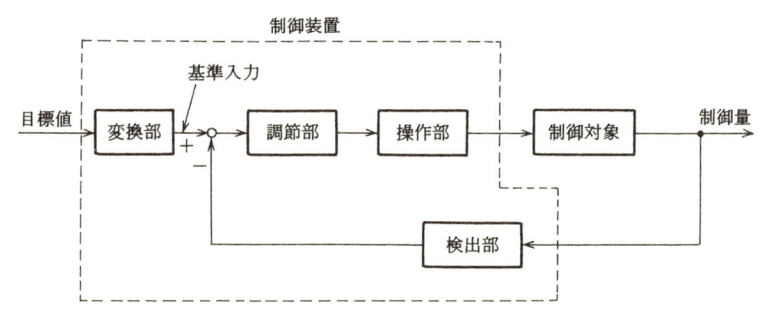

図 1.3 自動制御系の基本構成

制御量（controlled variable）： 制御される量であり，制御対象の出力値である．コタツの例ではコタツ内の温度が制御量である．

目標値（desired value）： 制御量の希望値として設定する値である．希望するコタツ内の温度がこれに当たる．

基準入力（reference input）： 目標値を制御量と比較するために変更した量である．

外乱（disturbance）： 制御系内の状態を変化させる外部から作用する障害．

検出部： 人の五感に当たる部分で，制御量を検出し目標値（基準入力）と比較できる信号とする部分である．

調節部： 人の頭脳に当たる部分で，基準入力と検出部出力をもとにどのような操作を加えるか決定する部分である．

操作部： 人の手足に当たる部分で，調節部からの信号から制御対象に働きかける操作量を生じる部分である．

次の例によってもう少し基本構成を説明しよう．図1.4のような物体を回転または移動する装置を考える．これは工作機械などによく見られる機構で，

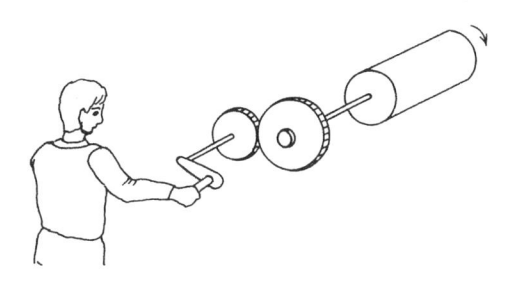

図1.4 手動による回転体の制御

回転体や移動物体を所望の量だけ変化させる．人が操作をする場合には，手でハンドルを回転し，制御の対象となる物体の動きを目で見て検出し目標の位置と比較する．さらにハンドルを回す必要があるかを判断し再びハンドルを回転するという動作を繰り返し所望の位置に移動する．

これをモータ，ポテンショメータ，増幅器を使った自動制御系とすると図1.5のように構成することができる．このときの信号の流れは以下のようになる．

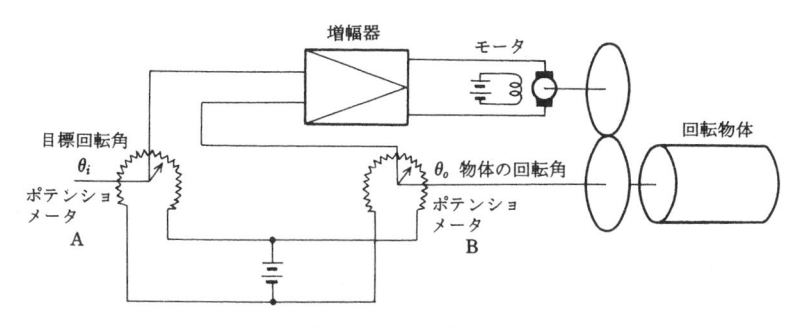

図1.5 自動の回転体の制御

Aのポテンショメータは目標回転角 θ_i に比例した電圧 $e_i = k\theta_i$ を生じる．一方，Bのポテンショメータは制御される回転物体の回転角 θ_0 とすると電圧は $e_0 = k\theta_0$ である．この2つの電圧を比較して偏差電圧を作る．偏差電圧は実際にモータを駆動する電圧に増幅器で調節され，増幅された偏差電圧によって

モータは回転し歯車列を通じて回転物体を回転させる．この信号の流れを簡単な図式表現すると図1.6のようになる．

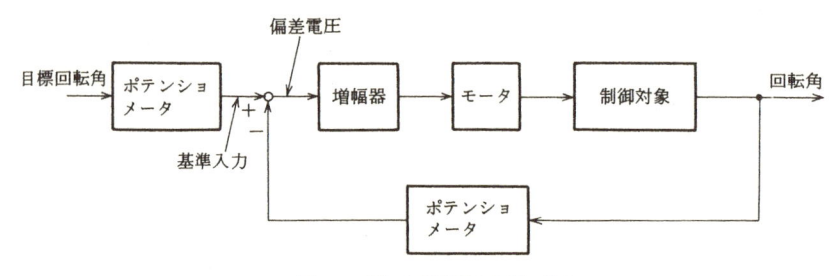

図1.6 回転体制御系の信号の流れ

[例題 1.1]　図1.5の自動制御系で操作部，検出部，調節部に当たるものは何か．
操作部：実際に回転体を駆動するモータ，歯車列がこれに当たる．
検出部：回転体の角度を検出するポテンショメータBがこれに当たる．
調節部：増幅器によってモータの回転を生じるのに必要な電圧を生じる．

さて，以上述べてきたように自動制御系は目標値と制御量を一致させることを目的としている．しかしながら単にフィードバックループを構成するだけで問題が解決されるわけではない．たとえば，図1.5の制御系の例において，偏差電圧の増幅度を大きくすればモータのトルクは増大し回転速度が増す．するとモータや回転体の慣性力のために偏差電圧が零となってもすぐには止まることができず，物体の回転角は目標回転角付近で振動し図1.7(a)のように変動する．逆に増幅の度合いが小さ過ぎるとモータの回転速度は小さく，目標の回転角に至るまでに時間がかかり図1.7(b)のようになる．

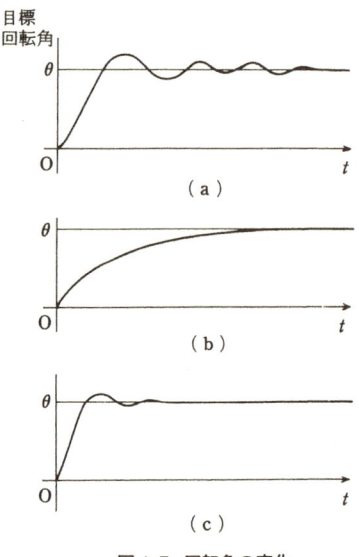

図1.7 回転角の変化

そこで良い制御系を構成するために，制御系が目標値の変化に対しどのような制御経過となるか，あるいは望ましい制御経過を得るためにどのような要素をどのように構成すれば良いか明らかにしなければならない．前者が**解析**（analysis）であり後者が**設計**（synthesis）の問題である．回転体の制御の例では，増幅度も含めて定まった要素で構成も決められたとき，制御系がどんな特性を持つかを調べるのが解析であり，設計問題は，たとえば，増幅度をどのくらいにすれば，あるいはどんなモータを使えば図1.7(c)のような応答の望ましい制御系が得られるか決めることである．以後の章では自動制御系の解析と設計の基礎理論を述べる．

演習問題

1.1 家庭で使用されている装置，器具で自動制御装置，機器にどのようなものがあるか．

1.2 電気洗濯器と電気コタツの信号の流れを考え，違いを述べよ．

1.3 図1.8の液面系の信号の流れを図1.2にならって図示せよ．

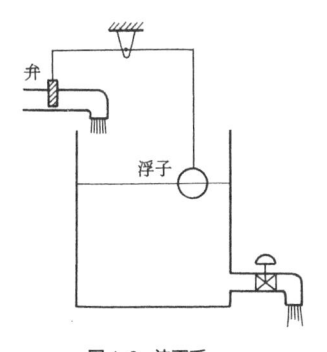

図1.8 液面系

1.4 水時計を作るには一定の水量が溜まるようにしなければならない．このためにどのような工夫が必要か考えよ．

1.5 図1.9は炉の温度を制御する物である．自動制御系の基本構成の検出部，調節部，操作部に当たるものは何か．

8　1章　制御工学の概要

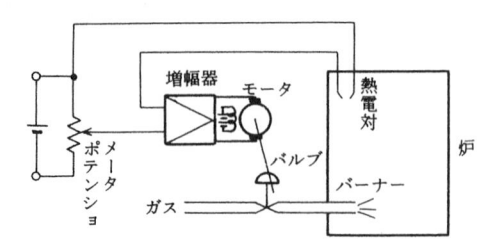

図1.9　炉内温度の制御

2 自動制御の基礎数学

本章では，自動制御を学ぶ上で必要とされる基礎的数学として，複素数の概念と基本的な演算および，ラプラス変換の定義やラプラス変換法を使用するのに便利な性質，ラプラス変換の微分方程式解法への応用について説明しておく．

　自動制御で扱われる対象は，現在時刻の対象物の様子が現在の外部からの入力信号だけで決まらず，過去に加えられた入力信号の影響を受ける**動的システム**（dynamical system）と呼ばれるものであり，このようなシステムは通常微分方程式で表される．対象物の時間的挙動は微分方程式を解くことによって知ることができるが，ラプラス変換法は，この微分方程式の解法に有効であり，簡単な代数演算を使って解くことができる上に，定常解と過渡解を同時に求められるという特徴をもつ．

　さらに自動制御の解析，設計では，対象とするシステムの時間的特性だけでなく周波数による特性を扱う方法が主に用いられる．ラプラス変換法は時間関数と周波数関数を関連づける重要な役割を果たしており，自動制御を学ぶ上で必要な事項である．また周波数での関数は複素数となるから複素数についても必要最小限の知識が要求される．そこでまず，複素数，ラプラス変換に関する基礎的事項から述べておく．

2.1 複素数

複素数 (complex number) は実数部と虚数部からなり，実数 x, y を用いて

$$z = \underset{\text{実数部}}{x} + \underset{\text{虚数部}}{jy} \tag{2.1}$$

$$j = \sqrt{-1}$$

のように表される．特別

$$y = 0 \tag{2.2}$$

のとき，複素数は実数となる．したがって，実数も特殊な複素数としてみなせる．とくに，

$$x = 0 \tag{2.3}$$

のとき，これを純虚数という．複素数 z の実数部 x，虚数部 y を，

$$x = \mathrm{Re}(z) \tag{2.4}$$
$$y = \mathrm{Im}(z) \tag{2.5}$$

とも表す．

複素数 $z = x + jy$ に対して，複素数

$$\bar{z} = x - jy \tag{2.6}$$

を z の**共役複素数** (conjugate complex) といい，これを式 (2.6) の左辺のように $\bar{z}$ で表す．

複素数の加減乗除は次のように行われる

$$\text{加減法} \quad (x_1 + jy_1) \pm (x_2 + jy_2) = (x_1 \pm x_2) + j(y_1 \pm y_2) \tag{2.7}$$

$$\text{乗法} \quad (x_1 + jy_1)(x_2 + jy_2) = (x_1 x_2 - y_1 y_2) + j(x_1 y_2 + y_1 x_2) \tag{2.8}$$

$$\text{除法} \quad \frac{x_1 + jy_1}{x_2 + jy_2} = \frac{x_1 x_2 + y_1 y_2 + j(y_1 x_2 - x_1 y_2)}{x_2^2 + y_2^2} \tag{2.9}$$

また共役複素数について次の関係が成立する．

$$\begin{array}{ll} \text{i)} \ \overline{z_1 + z_2} = \bar{z}_1 + \bar{z}_2 & \text{ii)} \ \overline{z_1 \cdot z_2} = \bar{z}_1 \cdot \bar{z}_2 \\ \text{iii)} \ \overline{z_1 - z_2} = \bar{z}_1 - \bar{z}_2 & \text{iv)} \ \overline{\left(\dfrac{z_1}{z_2}\right)} = \dfrac{\bar{z}_1}{\bar{z}_2} \end{array} \tag{2.10}$$

さらに，図 2.1 のような直交座標を使って，複素数 $x + jy$ は座標 (x, y) で表す

ことができる．このように各点が複素数を表す平面を**複素平面**（complex plane）という．平面上の点は直交座標 (x, y) の他に 2 つの変数，**絶対値**（absolute value）と**偏角**（argument）で表すことができて，

$$z = r(\cos\theta + j\sin\theta) \quad (2.11)$$

のようにも書ける．ここで r, θ と x, y との間に次の関係がある．

絶対値　　$r = |z| = \sqrt{x^2 + y^2}$

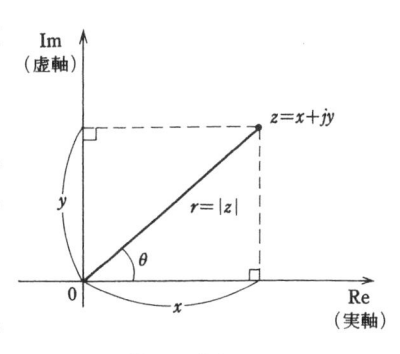

(2.12)

偏角　　$\theta = \arg z = \tan^{-1}\dfrac{y}{x}$ 　　(2.13)

式 (2.11) の表現を複素数 z の**極形式**（polar form）という．

[**例題 2.1**] 次の複素数を極形式で表せ．
 1) $1 + j\cdot\sqrt{3}$　　2) $3 + j\cdot 3$
（**解答**） 1) 絶対値　$r = \sqrt{1+3} = 2$
　　　　　　偏角

$$\theta = \tan^{-1}\sqrt{3} = 2n\pi + \frac{\pi}{3} \quad (n ; 0, 1, \cdots)$$

より，

$$z = 2[\cos(2n\pi + \pi/3) + j\sin(2n\pi + \pi/3)]$$

を得る．
 2) 同様の手順によって絶対値は $3\sqrt{2}$，偏角は $2n\pi + \pi/4$ より，

$$z = 3\sqrt{2}[\cos(2n\pi + \pi/4) + j\sin(2n\pi + \pi/4)]$$

となる．

2 つの複素数 $z_1 = r_1(\cos\theta_1 + j\sin\theta_1)$, $z_2 = r_2(\cos\theta_2 + j\sin\theta_2)$ の積と商について，

$$z_1 \cdot z_2 = r_1 r_2 [\cos(\theta_1 + \theta_2) + j\sin(\theta_1 + \theta_2)] \quad (2.14)$$

$$\frac{z_1}{z_2}=\frac{r_1}{r_2}[\cos(\theta_1-\theta_2)+j\sin(\theta_1-\theta_2)] \tag{2.15}$$

が成立する. これを利用すれば一般に,

$$z^n=r^n(\cos n\theta+j\sin n\theta) \tag{2.16}$$

が成り立つことが分かる. とくに $r=1$ では, ド・モアブル (de Moivre) の定理,

$$(\cos\theta+j\sin\theta)^n=\cos n\theta+j\sin n\theta \tag{2.17}$$

を得る.

オイラー (Euler) の公式,

$$e^{j\theta}=\cos\theta+j\sin\theta \tag{2.18}$$

を使って, 複素数の極形式表現 (2.11) は,

$$z=re^{j\theta} \tag{2.19}$$

と書くこともできる. 式 (2.19) を用いると2つの複素数の積, 商は容易に計算できる. たとえば, 2つの複素数 $z_1=r_1e^{j\theta_1}$, $z_2=r_2e^{j\theta_2}$ とすると, 指数関数の演算によって,

$$z_1\cdot z_2=r_1e^{j\theta_1}\cdot r_2e^{j\theta_2}=r_1\cdot r_2 e^{j(\theta_1+\theta_2)} \tag{2.20}$$

$$\frac{z_1}{z_2}=\frac{r_1e^{j\theta_1}}{r_2e^{j\theta_2}}=\frac{r_1}{r_2}e^{j(\theta_1-\theta_2)} \tag{2.21}$$

となる. この関係式は, 式 (2.14), (2.15) と同じである.

[**例題 2.2**] 例題 2.1 の複素数を $re^{j\theta}$ の形で表現し, 2つの複素数の積と商を求めよ.

(**解答**) 例題 2.1 の結果より,

$$z_1=1+j\cdot\sqrt{3}=2e^{j\frac{\pi}{3}}$$
$$z_2=3+j\cdot 3=3\sqrt{2}e^{j\frac{\pi}{4}}$$

である. 式 (2.19), (2.20) を用いて,

$$z_1\cdot z_2=6\sqrt{2}e^{j\frac{7}{12}\pi}=6\sqrt{2}e^{j(2n\pi+\frac{7}{12}\pi)} \quad n=0,1,\cdots$$
$$\frac{z_1}{z_2}=\frac{2}{3\sqrt{2}}e^{j(\frac{\pi}{12})}=\frac{\sqrt{2}}{3}e^{j(2n\pi+\frac{\pi}{12})} \quad n=0,1,\cdots$$

を得る.

複素数の数値演算について述べたが, 複素数は複素平面上で式 (2.11) のよ

うに方向と大きさをもつ．したがって，ベクトルとして扱うことができ，複素平面上で複素数の和・積を作図によって容易に求めることができる．

複素平面上での複素数の和

2つの複素数 $z_1 = x_1 + jy_1$ および $z_2 = x_2 + jy_2$ の和はよく知られるようにベクトルの和として，図2.2のような平行四辺形法によって図示できる．

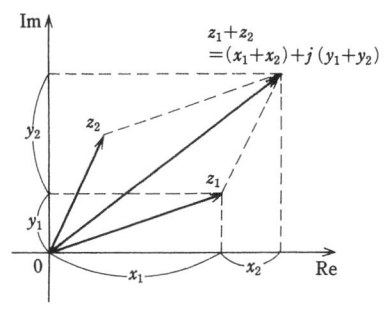

図2.2 ベクトルの和

複素平面上での複素数の積

複素数 z_1, z_2 の積を図面上から得るには次の手順に従えばよい．

（ステップ1） 図2.3において，z_1, z_2 を示す点をP，Qとして，実軸上に $\overline{\mathrm{OA}} = 1$ なる点Aをとる．

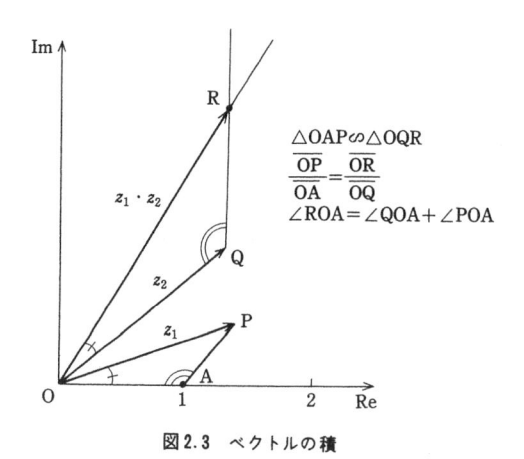

$\triangle \mathrm{OAP} \backsim \triangle \mathrm{OQR}$
$\dfrac{\overline{\mathrm{OP}}}{\overline{\mathrm{OA}}} = \dfrac{\overline{\mathrm{OR}}}{\overline{\mathrm{OQ}}}$
$\angle \mathrm{ROA} = \angle \mathrm{QOA} + \angle \mathrm{POA}$

図2.3 ベクトルの積

(ステップ2) △OAP に相似な △OQR を作る．これは原点 O から $\overline{OQ}$ となす角が ∠POA と等しくなる直線，および点 Q から $\overline{OQ}$ となす角が ∠OAP と等しくなる直線を引けばその2直線の交点が R として求まる．
(ステップ3) 得られたベクトル $\overrightarrow{OR}$ が $z_1 z_2$ を示す．

これは，
$$\triangle OAP \backsim \triangle OQR$$
であるから，$\overrightarrow{OR}$ の偏角は
$$\angle ROA = \angle QOA + \angle POA = \arg z_1 + \arg z_2 \tag{2.22}$$
であり，また，
$$\frac{\overline{OP}}{\overline{OA}} = \frac{\overline{OR}}{\overline{OQ}}$$
となるから，
$$\overline{OR} = \overline{OP} \cdot \overline{OQ} = |z_1| \cdot |z_2| \tag{2.23}$$
を得る．式 (2.22)，(2.23) と積の公式 (2.20) より $\overrightarrow{OR}$ が $z_1 \cdot z_2$ を示すことがわかる．

2.2　ラプラス変換の導入

本書で扱う自動制御系の解析，設計においては，時間 t の関数を直接扱うより，これを**ラプラス変換**（Laplace transform）した領域で議論することが多い．そこでラプラス変換について制御系の解析，設計に必要な基本的内容を述べておく．

A．ラプラス変換の定義

時刻 $t \geqq 0$ で定義される時間関数 $f(t)$ に対して，
$$\int_0^\infty f(t) e^{-st} dt$$
なる積分を定義する．この積分をラプラス積分といい，ラプラス積分が有界であるとき，

$$F(s) \triangleq \int_0^\infty f(t)e^{-st}dt \tag{2.24}$$

によって定義される s の関数 $F(s)$ をラプラス変換という（この変換自身もラプラス変換と呼ばれる）．t の関数 $f(t)$ を $F(s)$ の原関数，$F(s)$ を像関数ともいう．ラプラス変換記号として通常 $\mathcal{L}$ を用い，$f(t)$ のラプラス変換を $\mathcal{L}[f(t)]$ と表す．

[**例題 2.3**] 次の関数のラプラス変換を求めよ．
  1) $f(t)=1$ 2) $f(t)=t$ 3) $f(t)=e^{-at}$

（解答） 定義式に従ってそれぞれ次のように計算できる．

1) $F(s) = \int_0^\infty 1 \cdot e^{-st}dt$

$$= -\frac{1}{s}e^{-st}\Big|_0^\infty = \frac{1}{s}$$

2) $F(s) = \int_0^\infty t \cdot e^{-st}dt$

であるから，部分積分を用いて次のように計算できる．

$$F(s) = -\frac{t}{s}e^{-st}\Big|_0^\infty + \int_0^\infty \frac{e^{-st}}{s}dt = -\frac{1}{s^2}e^{-st}\Big|_0^\infty$$

$$= \frac{1}{s^2}$$

3) $F(s) = \int_0^\infty e^{-at} \cdot e^{-st}dt$

$$= \int_0^\infty e^{-(a+s)t}dt = \frac{-1}{a+s}e^{-(a+s)t}\Big|_0^\infty$$

$$= \frac{1}{a+s}$$

ラプラス積分が存在しないとラプラス変換は不可能である．たとえば，
  $f(t)=e^{t^2}$
などはラプラス変換できない．$f(t)$ が，
  $\lim_{t\to\infty} e^{-st}f(t)=0$

であればラプラス変換は可能である．ここで扱う自動制御系の関数はこれを満足するので特別の注意は必要でない．

次のように定義される関数を**単位ステップ関数**(unit step function)という．

$$u(t) = \begin{cases} 1 & t \geq 0 \\ 0 & t < 0 \end{cases} \quad (2.25)$$

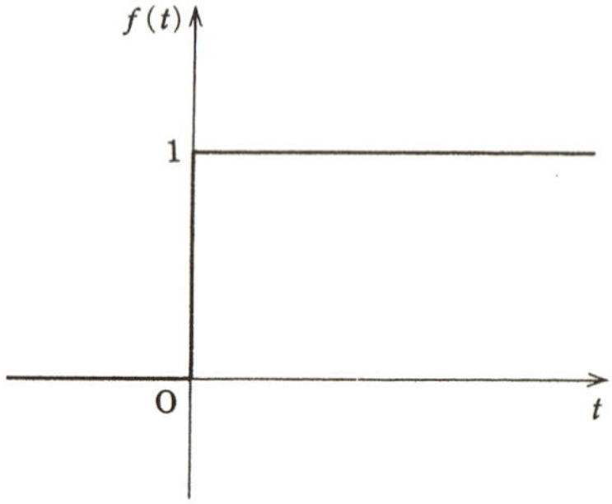

単位ステップ関数 $u(t)$ のラプラス変換は，

$$\mathcal{L}[u(t)] = \frac{1}{s} \quad (2.26)$$

である．

ステップ関数 $u(t)$ を使って**パルス関数**

$$\phi_\varepsilon = \frac{u(t) - u(t-\varepsilon)}{\varepsilon} \quad \varepsilon > 0 \quad (2.27)$$

図2.4 単位ステップ関数

を定義する(図2.5 参照)．ここで $\varepsilon \to 0$ とした形式的な極限を δ (デルタ)**関数**(delta function)と呼び，デルタ関数 $\delta(t)$ は，

$$\delta(t) = 0 \quad (t \neq 0)$$

$$\int_{-\infty}^{\infty} \delta(t) dt = 1$$

$$\int_{-\infty}^{\infty} f(t) \delta(t) dt = f(0)$$

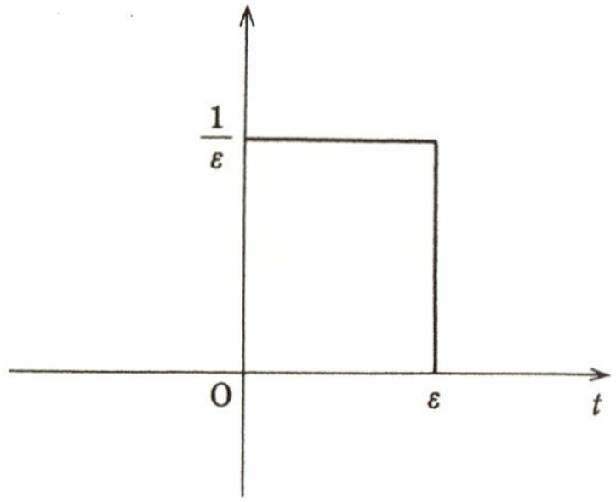

の性質を満たす．$\delta(t)$ のラプラス変換は上述の性質から，

図2.5 パルス関数

$$\mathcal{L}[\delta(t)] = \int_0^\infty \delta(t) e^{-st} dt = \int_0^\infty e^{-st} \delta(t) dt = e^{-s \cdot 0}$$
$$= 1 \quad (2.28)$$

となる．

ステップ関数，デルタ関数を含めた自動制御でよく使用される基本的な関数

のラプラス変換を表2.1に表した.

表2.1 基本的なラプラス変換表

時間関数 $f(t)$ (原関数)	ラプラス変換 $F(s)$ (像関数)
$\delta(t)$	1
$u(t)$	$\dfrac{1}{s}$
e^{-at}	$\dfrac{1}{s+a}$
t	$\dfrac{1}{s^2}$
$\sin \omega t$	$\dfrac{\omega}{s^2+\omega^2}$
$\cos \omega t$	$\dfrac{s}{s^2+\omega^2}$

B. 逆ラプラス変換

ラプラス変換 $F(s)$ から t の関数である原関数 $f(t)$ を求めることを**逆ラプラス変換**(Inverse Laplace transform)といい,

$$\mathcal{L}^{-1}[F(s)] = f(t) \tag{2.29}$$

で表す. 逆ラプラス変換は複素積分,

$$\mathcal{L}^{-1}[F(s)] = \frac{1}{2\pi j} \int_{c-j\infty}^{c+j\infty} F(s) e^{st} ds \quad (c>0) \tag{2.30}$$

で定義されるが, この複素積分に関する議論は省略する. 後述するように本書で扱う線形定係数系では $F(s)$ が s の多項式 $P(s)$, $Q(s)$ の比として,

$$F(s) = \frac{Q(s)}{P(s)}$$

で表されるので, これを**部分分数展開**してラプラス変換表から求めることができる. これについては2.4節で詳しく述べる.

2.3　ラプラス変換の基本的性質

ラプラス変換を活用する上で知っておくと便利な性質がある．ここではそのうち基本的で主要なものだけを説明しておく．

a) ラプラス変換の線形性

2つの時間関数 $f_1(t)$, $f_2(t)$ のラプラス変換を $F_1(s)$, $F_2(s)$ とする．
$$\mathcal{L}[f_1(t)] = F_1(s),\ \mathcal{L}[f_2(t)] = F_2(s)$$
また a_1, a_2 を任意の定数とするとき，$a_1 f_1(t) + a_2 f_2(t)$ のラプラス変換は，

$$\int_0^\infty (a_1 f_1(t) + a_2 f_2(t)) e^{-st} dt = \int_0^\infty a_1 f_1(t) e^{-st} dt + \int_0^\infty a_2 f_2(t) e^{-st} dt$$

$$= a_1 \int_0^\infty f_1(t) e^{-st} dt + a_2 \int_0^\infty f_2(t) e^{-st} dt$$

$$= a_1 \mathcal{L}[f_1(t)] + a_2 \mathcal{L}[f_2(t)]$$

であるから

$$\mathcal{L}[a_1 f_1(t) + a_2 f_2(t)] = a_1 F_1(s) + a_2 F_2(s) \tag{2.31}$$

が成立する．これをラプラス変換の線形性という．

b) 微分値のラプラス変換

関数 $f(t)$ の時間微分 $df(t)/dt$ のラプラス変換を求める．$\mathcal{L}[f(t)] = F(s)$ とすると，定義に従いさらに部分積分の公式を用いて，

$$\mathcal{L}\left[\frac{df(t)}{dt}\right] = \int_0^\infty \frac{df(t)}{dt} e^{-st} dt$$

$$= f(t) e^{-st} \Big|_0^\infty + \int_0^\infty f(t) s e^{-st} dt$$

$$= -f(0) + s \cdot \int_0^\infty f(t) e^{-st} dt$$

$$= -f(0) + s \cdot F(s)$$

となる．これより，

$$\mathcal{L}\left[\frac{df(t)}{dt}\right] = s \cdot F(s) - f(0) \tag{2.32}$$

が成り立つ．$f(t)$ の2回微分 $d^2 f(t)/dt^2$ ($f^{(2)}(t)$) については，

$$\mathcal{L}[f^{(2)}(t)] = \mathcal{L}\left[\frac{d}{dt}\dot{f}(t)\right]$$

であるから，$\dot{f}(t)$ を改めて関数 $f^*(t)$ とみなせば，式 (2.32) より，

$$\mathcal{L}[\dot{f}(t)] = \mathcal{L}[f^*(t)] = F^*(s)$$
$$F^*(s) = sF(s) - f(0)$$

であるので，再び式 (2.32) の関係を使えば，

$$\mathcal{L}[f^{(2)}(t)] = \mathcal{L}\left[\frac{d}{dt}\dot{f}(t)\right] = sF^*(s) - f^*(0)$$
$$= s^2 F(s) - sf(0) - \dot{f}(0)$$

を得る．同様の手順を繰り返せば一般に $f(t)$ の n 回微分 $f^{(n)}(t)$ について，

$$\mathcal{L}[f^{(n)}(t)] = s^n F(s) - s^{n-1} f(0) - s^{n-2} \dot{f}(0) - \cdots - f^{(n-1)}(0) \tag{2.33}$$

の関係が成立する．

[**例題 2.4**] $f(t) = t^2$ のラプラス変換を上述の性質を使って求めよ．
(**解答**) $f(t) = t^2$ であるから $f(0) = 0, \dot{f}(0) = 0, f^{(2)}(t) = 2$ である．

$$\mathcal{L}[f(t)] = F(s)$$

として，式 (2.33) に代入すると，

$$\mathcal{L}[f^{(2)}(t)] = \mathcal{L}[2] = s^2 F(s) - sf(0) - \dot{f}(0)$$

となる．これより，

$$\frac{2}{s} = s^2 \cdot F(s)$$

が成立し，

$$F(s) = \frac{2}{s^3}$$

を得る．
例題 2.4 を一般化すると変換公式

$$\mathcal{L}[t^n] = \frac{n!}{s^{n+1}} \tag{2.34}$$

が導ける．

c） 積分値のラプラス変換

$f(t)$ のラプラス変換 $F(s)$ が存在するとき,積分値 $\int_0^t f(u)du$ のラプラス変換を求めよう.次の積分,

$$\int_0^T \left(\int_0^t f(u)du\right) e^{-st} dt$$

を考える.上式は部分積分公式を用いて,

$$\int_0^T e^{-st}\left(\int_0^t f(u)du\right)dt = -\frac{1}{s}e^{-st}\int_0^t f(u)du\Big|_0^T + \frac{1}{s}\int_0^T e^{-st}f(t)dt$$

$$= -\frac{1}{s}e^{-sT}\int_0^T f(u)du + \frac{1}{s}\int_0^T e^{-st}f(t)dt$$

となる.ここで $T\to\infty$ の極限をとれば右辺第1項は零に収束するから,

$$\lim_{T\to\infty}\int_0^T e^{-st}\left(\int_0^t f(u)du\right)dt = \lim_{T\to\infty}\frac{1}{s}\int_0^T e^{-st}f(t)dt$$

となり,ラプラス変換の定義式より結局

$$\mathscr{L}\left[\int_0^t f(u)du\right] = \frac{1}{s}F(s) \tag{2.35}$$

が得られる.

[例題2.5] $\mathscr{L}[e^{-2t}]=1/(s+2)$ であった.式(2.35)の性質を使って $F(s)=1/s(s+2)$ の原関数 $f(t)$ を求めよ.

(解答) 式(2.35)を使えば,

$$\mathscr{L}\left[\int_0^t e^{-2u}du\right] = \frac{1}{s}\cdot\frac{1}{s+2}$$

であるから,

$$f(t) = \int_0^t e^{-2u}du = -\frac{1}{2}e^{-2u}\Big|_0^t = \frac{1}{2}(1-e^{-2t})$$

を得る.

この例題の一般的な問題の解は,

$$\mathscr{L}^{-1}\left[\frac{1}{s(s+a)}\right] = \frac{1}{a}(1-e^{-at}) \tag{2.36}$$

となることは容易に類推できる.式(2.36)の関係は後に4章でも扱われる.

d） 初期値の定理（initial value theorem）

微分値のラプラス変換式（2.32）より，

$$sF(s)-f(0)=\int_0^\infty \frac{df(t)}{dt}e^{-st}dt$$

であったから，

$$\lim_{s\to\infty}(sF(s)-f(0))=\lim_{s\to\infty}\int_0^\infty \dot{f}(t)e^{-st}dt$$

$$=\int_0^\infty \lim_{s\to\infty}\dot{f}(t)e^{-st}dt$$

$$=0$$

となる．これより，

$$\lim_{s\to\infty}sF(s)=f(0)$$

すなわち，

$$\lim_{s\to\infty}sF(s)=\lim_{t\to 0}f(t) \tag{2.37}$$

を得る．

この定理は t の領域の関数の初期値を s 領域の関数で知ることができることを示している．これと同様に t の領域の関数の $t\to\infty$ での値すなわち，最終値を s 領域の関数で知ることのできる性質が次の定理である．

e） 最終値の定理（final value theorem）

$f(t)$ のラプラス変換 $F(s)$ とすると，

$$\lim_{s\to 0}sF(s)=\lim_{s\to 0}s\int_0^\infty f(t)e^{-st}dt$$

が成り立つ．ここで，

$$s\int_0^\infty f(t)e^{-st}dt$$

は部分積分を使って，

$$-f(t)e^{-st}\Big|_0^\infty+\int_0^\infty \dot{f}(t)e^{-st}dt$$

のように計算できる．上式の第1項は $f(0)$ となるから，

$$\lim_{s\to 0} s\int_0^\infty f(t)e^{-st}dt = f(0) + \lim_{s\to 0}\int_0^\infty \dot{f}(t)e^{-st}dt$$

が得られる．ここで右辺第2項の極限操作と積分を交換すれば上式は，

$$\lim_{s\to 0} s\int_0^\infty f(t)e^{-st}dt = f(0) + \lim_{T\to\infty}\int_0^T \lim_{s\to 0}\dot{f}(t)e^{-st}dt$$

$$= f(0) + \lim_{T\to\infty}\int_0^T \dot{f}(t)dt$$

$$= f(0) + \lim_{T\to\infty}(f(T)-f(0)) = \lim_{T\to\infty}f(T)$$

のように計算できて，結局，

$$\lim_{s\to 0} sF(s) = \lim_{t\to\infty} f(t) \tag{2.38}$$

の関係を得る．

最終値の定理は $f(t)$ がある値に収束する場合にだけ適用できる．このためには $sF(s)$ の分母多項式を零とする根の実部が負であることが必要であることを注意しておく．またこの定理は s 領域で $f(t)$ の最終値が直接計算できるので，自動制御において特に有用である．

［例題2.6］ 例題2.5の $F(s)$ に最終値の定理，初期値の定理を適用し $f(0)$, $f(\infty)$ を求めよ．

（解答） 初期値の定理により，

$$\lim_{t\to 0} f(t) = \lim_{s\to\infty} s\cdot\frac{1}{s}\cdot\frac{1}{s+2} = 0$$

また，最終値の定理より，

$$\lim_{t\to\infty} f(t) = \lim_{s\to 0} s\cdot\frac{1}{s}\cdot\frac{1}{s+2} = \frac{1}{2}$$

を得る．

これは例題2.5で得た $f(t)=1/2(1-e^{-2t})$ の極限値

$$\lim_{t\to 0} f(t) = \lim_{t\to 0}\frac{1}{2}(1-e^{-2t}) = 0$$

$$\lim_{t\to\infty} f(t) = \lim_{t\to\infty}\frac{1}{2}(1-e^{-2t}) = \frac{1}{2}$$

に一致していることがわかる．

f) 推移定理

$\mathcal{L}[f(t)]=F(s)$ とするとき $e^{at}f(t)$ のラプラス変換は,

$$\mathcal{L}[e^{at}f(t)]=F(s-a) \tag{2.39}$$

となる.

これは次のようにして示すことができる.

$$\mathcal{L}[e^{at}f(t)]=\int_0^\infty e^{at}\cdot e^{-st}\cdot f(t)dt$$

$$=\int_0^\infty e^{(a-s)t}f(t)dt$$

である. ここで $a-s=-s^*$ とおくと, ラプラス変換の定義により,

$$\int_0^\infty e^{-s^*t}f(t)dt=F(s^*)=F(s-a)$$

を得る.

[**例題 2.7**] 推移定理を用いて次の関数のラプラス変換を求めよ.
1) $e^{at}\cdot t$ 2) $e^{at}\cdot \sin\omega t$

(解答) 1) $f(t)=t$ とすると $\mathcal{L}[f(t)]=1/s^2$ であるから, 式 (2.39) を適用すれば

$$\mathcal{L}[e^{at}\cdot t]=\frac{1}{(s-a)^2}$$

を得る.

2) 同様に $f(t)=\sin\omega t$ とすると $F(s)=\omega/(s^2+\omega^2)$ であるから推移定理を使って s の代わりに $(s-a)$ とすればただちに,

$$\mathcal{L}[e^{at}\sin\omega t]=\frac{\omega}{(s-a)^2+\omega^2}$$

を得る.

g) 合成積のラプラス変換

2つの関数 $f(t)$, $g(t)$ について,

$$h(t)=\int_0^t f(t-\tau)g(\tau)d\tau \tag{2.40}$$

を $f(t)$, $g(t)$ の**合成積**(convolution)といい, 記号 $f*g$ で表す. それぞれの関数 $f(t)$, $g(t)$ のラプラス変換 $F(s)$, $G(s)$ とすると,

$$\mathcal{L}[f*g]=F(s)G(s) \tag{2.41}$$

が成り立つ.

$$F(s)G(s)=\int_0^\infty e^{-su}f(u)du\int_0^\infty e^{-sv}g(v)dv$$

$$=\int_0^\infty\int_0^\infty e^{-(u+v)s}f(u)g(v)dudv$$

であって,上式の積分範囲は u-v 平面上の斜線部の領域(図 2.6 (a))である. 変数 $\tau=v$, $t=u+v$ とおくと, $t=\tau+u$ で $u\geq 0$ であるから t-τ 平面の $t\geq\tau$ の領

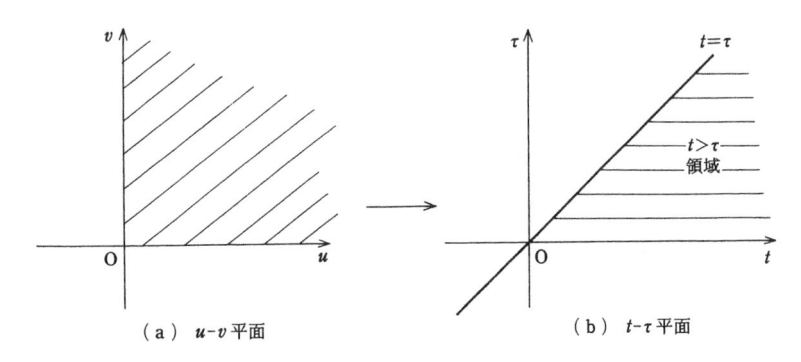

図 2.6 積分領域

(a) u-v 平面

(b) t-τ 平面

域(図 2.6 (b) の斜線部)となる.したがって,

$$\int_0^\infty\int_0^\infty e^{-(u+v)s}f(u)g(v)dudv$$

$$=\int_0^\infty\left\{\int_0^t e^{-st}f(t-\tau)g(\tau)d\tau\right\}dt$$

$$=\int_0^\infty\left\{e^{-st}\int_0^t f(t-\tau)g(\tau)d\tau\right\}dt$$

$$=\mathcal{L}[f*g]$$

を得る.

2.4 部分分数展開による逆ラプラス変換

逆ラプラス変換について 2.2 節でふれたが,この節では部分分数展開とラプラス変換表を用いて逆ラプラス変換を求める方法について説明する.

次の s の有理関数,

$$F(s) = \frac{b_0 s^m + b_1 s^{m-1} + \cdots + b_{m-1} s + b_m}{a_0 s^n + a_1 s^{n-1} + \cdots + a_{n-1} s + a_n} \tag{2.42}$$

を考える.通常線形制御系はこのような形で記述され,$n \geq m$ が成り立つ.このとき $F(s)$ は部分分数に展開することが可能である.

a) $F(s)$ の極がすべて相異なる場合

$F(s)$ の分母多項式を零とおいた式

$$a_0 s^n + a_1 s^{n-1} + \cdots + a_n = 0 \tag{2.43}$$

を**特性方程式**(characteristic equation)といい,この方程式の根を**特性根**(characteristic root)あるいは $F(s)$ の**極**(pole)という.一方,

$$b_0 s^m + b_1 s^{m-1} + \cdots + b_m = 0 \tag{2.44}$$

の根を $F(s)$ の**零点**(zero)という.

$F(s)$ の極を $p_1, p_2, \cdots p_n$ とするとき,$p_i \neq p_j (i \neq j)$ であれば,$F(s)$ は

$$F(s) = \frac{k_1}{s - p_1} + \frac{k_2}{s - p_2} + \frac{k_3}{s - p_3} + \cdots + \frac{k_n}{s - p_n} \tag{2.45}$$

の部分分数に展開できる.式 (2.45) の定数 k_i は係数比較によって求めることもできるが,**ヘビサイド**(**Heviside**)の定理によって,

$$k_i = \lim_{s \to p_i} (s - p_i) F(s) \tag{2.46}$$

のように容易に算出することができる.

式 (2.46) は次のように導かれる.まず $F(s)$ は式 (2.45) のように展開されるから両辺に $(s - p_i)$ を掛けると,

$$(s - p_i) F(s) = \sum_{\substack{j=1 \\ j \neq i}}^{n} \frac{(s - p_i)}{(s - p_j)} k_j + \frac{(s - p_i)}{(s - p_i)} k_i$$

となる.ここで両辺の s を p_i に近づければ

$$\lim_{s\to p_i}(s-p_i)F(s)=\lim_{s\to p_i}\sum_{\substack{j=1\\j\neq i}}^{n}\frac{(s-p_i)}{(s-p_j)}k_j+k_i$$

であるから，右辺の k_i 以外の項は零に漸近し，式 (2.46) が成り立つ．

さて，式 (2.45) の展開式で各項の逆変換は，

$$\mathcal{L}^{-1}\left[\frac{k_i}{s-p_i}\right]=k_i e^{p_i t}$$

であるから $F(s)$ の逆変換は

$$\mathcal{L}^{-1}[F(s)]$$
$$=k_1 e^{p_1 t}+k_2 e^{p_2 t}+\cdots+k_n e^{p_n t} \tag{2.47}$$

となる．

[例題 2.8] 次の式の逆ラプラス変換を求めよ．

1) $F(s)=\dfrac{s+2}{s(s+1)(s-1)}$ 　　2) $F(s)=\dfrac{1}{(s+1)(s^2+2s+2)}$

(解答) 1) $F(s)$ を部分分数展開する．$F(s)$ の極は相異なる実根であるから，

$$F(s)=\frac{k_1}{s}+\frac{k_2}{s+1}+\frac{k_3}{s-1}$$

と展開でき，$k_i (i=1, 2, 3)$ はヘビサイドの展開定理より，

$$k_1=\lim_{s\to 0} s\cdot\frac{s+2}{s(s+1)(s-1)}=-2$$

$$k_2=\lim_{s\to -1}(s+1)\cdot\frac{s+2}{s(s+1)(s-1)}=\frac{1}{2}$$

$$k_3=\lim_{s\to 1}(s-1)\cdot\frac{s+2}{s(s+1)(s-1)}=\frac{3}{2}$$

となるから

$$\mathcal{L}^{-1}[F(s)]=-2+\frac{1}{2}e^{-t}+\frac{3}{2}e^{t}$$

を得る．

2) $F(s)$ の極は相異なるので，

$$F(s)=\frac{k_1}{s+1}+\frac{k_2}{s+1+j}+\frac{k_3}{s+1-j}$$

$$k_1=\lim_{s\to -1}(s+1)\cdot\frac{1}{(s+1)(s^2+2s+2)}=1$$

$$k_2 = \lim_{s \to -1-j}(s+1+j) \cdot \frac{1}{(s+1)(s+1+j)(s+1-j)} = \frac{1}{(-j)\cdot(-2j)} = -\frac{1}{2}$$

$$k_3 = \lim_{s \to -1+j}(s+1-j) \cdot \frac{1}{(s+1)(s+1-j)(s+1+j)} = \frac{1}{j \cdot 2j} = -\frac{1}{2}$$

と展開できる. これより,

$$\mathcal{L}^{-1}[F(s)] = e^{-t} - \frac{1}{2}e^{-(1+j)t} - \frac{1}{2}e^{-(1-j)t}$$

$$= e^{-t} - e^{-t}\left(\frac{e^{-jt}+e^{jt}}{2}\right)$$

$$= e^{-t}(1-\cos t)$$

を得る.

問題2)のように複素共役根をもつ場合，次のようにしてもよい. 複素根 $a \pm jb$ とすると,

$$F(s) = \frac{cs+d}{(s-a)^2+b^2} + \frac{k_1}{(s-p_1)} + \cdots \tag{2.48}$$

のように展開され，係数 c, d は

$$\lim_{s \to a+jb}\{(s-a)^2+b^2\}F(s) = (ac+d)+(cb)j \tag{2.49}$$

によって求めることができる.

［例題2.8］の(2)において

$$\lim_{s \to -1+j}\{(s+1)^2+1\}\frac{1}{(s+1)\{(s+1)^2+1\}} = -j$$

$$= (-c+d)+cj$$

であるから，$c=-1, d=-1$ を得る. よって,

$$F(s) = \frac{-(s+1)}{(s+1)^2+1} + \frac{1}{s+1}$$

と展開されるから，各項の逆ラプラス変換を求めることによって

$$\mathcal{L}^{-1}[F(s)] = \mathcal{L}^{-1}\left[\frac{-(s+1)}{(s+1)^2+1}\right] + \mathcal{L}^{-1}\left[\frac{1}{s+1}\right]$$

$$= e^{-t}(1-\cos t)$$

のように求められる. 明らかにこれは前の結果に一致している.

b) $F(s)$ に重複極がある場合

極 p_i が r_i 重複であるとすると, $F(s)$ は,

$$F(s) = \frac{k_{ir_i}}{(s-p_i)^{r_i}} + \frac{k_{ir_i-1}}{(s-p_i)^{r_i-1}} + \cdots + \frac{k_{i1}}{(s-p_i)} + \frac{k_1}{(s-p_1)} + \cdots$$

$$\frac{k_{i-1}}{(s-p_{i-1})} + \frac{k_{i+1}}{(s-p_{i+1})} + \cdots \tag{2.50}$$

のように展開される. ここで係数 $k_{ij}(j=1, \cdots r_i)$ は, 式 $(2.50)(s-p_i)^{r_i}$ を掛けると,

$$(s-p_i)^{r_i}F(s) = k_{ir_i} + (s-p_i)k_{ir_i-1} + (s-p_i)^2 k_{ir_i-2} + \cdots + (s-p_i)^{r_i-1} k_{i1} + R(s) \tag{2.51}$$

$R(s)$; $F(s)$ の展開式で分母に $(s-p_i)$ を含まない項に $(s-p_i)^{r_i}$ を掛けた項

となるから,

$$k_{ir_i} = \lim_{s \to p_i}(s-p_i)^{r_i}F(s)$$

を得る. さらに式 (2.51) を s で微分すると,

$$\frac{d}{ds}\{(s-p_i)^{r_i}F(s)\} = k_{ir_i-1} + 2k_{ir_i-2}(s-p_i) + 3k_{ir_i-3}(s-p_i)^2 + \cdots + \frac{d}{ds}R(s)$$

であるので, $s \to p_i$ の極限を考えれば,

$$k_{ir_i-1} = \lim_{s \to p_i} \frac{d}{ds}\{(s-p_i)^{r_i}F(s)\}$$

となる. 順次これを繰り返せば,

$$k_{ir_i-2} = \frac{1}{2!} \lim_{s \to p_i} \frac{d^2}{ds^2}\{(s-p_i)^{r_i}F(s)\}$$

$$k_{ir_i-3} = \frac{1}{3!} \lim_{s \to p_i} \frac{d^3}{ds^3}\{(s-p_i)^{r_i}F(s)\}$$

$$\vdots \qquad \vdots$$

が得られる. これより一般に係数 k_{ir_i-j} は

$$k_{ir_i-j} = \frac{1}{j!} \lim_{s \to p_i} \frac{d^j}{ds^j} \{(s-p_i)^{r_i} F(s)\} \qquad (2.51)$$

で与えられる．これで展開式が決定され，式（2.50）の各項をそれぞれ逆ラプラス変換すれば $F(s)$ の逆ラプラス変換が求められる．

[**例題 2.9**] 次の関数の逆ラプラス変換を求めよ．

$$F(s) = \frac{1}{s(s+1)^3}$$

（解答） $F(s)$ は，

$$F(s) = \frac{k_1}{s} + \frac{k_{23}}{(s+1)^3} + \frac{k_{22}}{(s+1)^2} + \frac{k_{21}}{(s+1)}$$

のように展開でき，係数は式（2.51）より，

$$k_1 = 1$$

$$k_{23} = \lim_{s \to -1} (s+1)^3 F(s) = \lim_{s \to -1} \frac{1}{s} = -1$$

$$k_{22} = \lim_{s \to -1} \frac{d}{ds}\{(s+1)^3 F(s)\} = \lim_{s \to -1} \frac{d}{ds}\left(\frac{1}{s}\right) = \lim_{s \to -1} \frac{-1}{s^2} = -1$$

$$k_{21} = \frac{1}{2!} \lim_{s \to -1} \frac{d^2}{ds^2}\{(s+1)^3 F(s)\} = \frac{1}{2!} \lim_{s \to -1} \frac{d^2}{ds^2}\left(\frac{1}{s}\right) = \frac{1}{2} \lim_{s \to -1} \frac{2}{s^3} = -1$$

となるから，$\mathcal{L}^{-1}[F(s)]$ は

$$\mathcal{L}^{-1}[F(s)] = \mathcal{L}^{-1}\left[\frac{1}{s}\right] - \mathcal{L}^{-1}\left[\frac{1}{(s+1)^3}\right] - \mathcal{L}^{-1}\left[\frac{1}{(s+1)^2}\right] - \mathcal{L}^{-1}\left[\frac{1}{s+1}\right]$$

$$= 1 - e^{-t}\left\{\frac{t^2}{2} + t + 1\right\}$$

となる．

2.5 線形微分方程式解法へのラプラス変換の適用

ラプラス変換法を応用して微分方程式を解く方法について述べる．この方法は，

微分方程式 $\xrightarrow{\text{ラプラス変換}}$ s 領域の代数方程式の求解
$\downarrow$ 逆ラプラス変換
微分方程式の解

の手順で微分方程式の解が得られ，一般解と特殊解を区別することなく解くことができる点に特徴がある．簡単のため 2 階の微分方程式，

$$\frac{d^2}{dt^2}x + a_1 \frac{d}{dt}x + a_2 x = f(t) \tag{2.52}$$

初期条件　$x(0) = x_0$

$$\dot{x}(0) = v_0 \tag{2.53}$$

を使って以下解法の手順を説明する．

（ステップ 1）　与えられた微分方程式のラプラス変換を求める．

まず，$\mathcal{L}[x(t)] = X(s)$，$\mathcal{L}[f(t)] = F(s)$ とすると微分方程式 (2.52) のラプラス変換は，

$$s^2 X(s) - sx(0) - \dot{x}(0) + a_1 s X(s) - a_1 x(0) + a_2 X(s) = F(s)$$

となる．これに初期条件 (2.53) を代入すれば，

$$s^2 X(s) - sx_0 - v_0 + a_1 s X(s) - a_1 x_0 + a_2 X(s) = F(s) \tag{2.54}$$

を得る．

（ステップ 2）　代数方程式として $X(s)$ について解く．

式 (2.54) より $X(s)$ は

$$X(s) = \frac{(s+a_1)x_0 + v_0}{s^2 + a_1 s + a_2} + \frac{F(s)}{s^2 + a_1 s + a_2} \tag{2.55}$$

と求められる．

（ステップ 3）　代数方程式の解 $X(s)$ を逆ラプラス変換し解 $x(t)$ を得る．

$$x(t) = \mathcal{L}^{-1}[X(s)]$$
$$= \mathcal{L}^{-1}\left[\frac{(s+a_1)x_0 + v_0}{s^2 + a_1 s + a_2}\right] + \mathcal{L}^{-1}\left[\frac{F(s)}{s^2 + a_1 s + a_2}\right] \tag{2.56}$$

によって微分方程式の解 $x(t)$ を得る．

式 (2.56) の右辺第 2 項は直接逆ラプラス変換によって求めてもよいし，

$$\mathcal{L}^{-1}\left[\frac{1}{s^2 + a_1 s + a_2}\right] = g(t)$$

を求め，合成積の性質を使って，

$$\mathcal{L}^{-1}\left[\frac{1}{s^2 + a_1 s + a_2} \cdot F(s)\right] = \int_0^t f(\tau) g(t-\tau) d\tau$$

[**例題 2.10**] 図 2.7 のように台車がバネで壁につながれている．このとき，釣合い状態（平衡点）より x_0[m] ずれた位置でこの台車を離すと台車はどのような運動をするか．ただし台車の質量は m[kg] で，ばね定数は k[N/m] である．

（解答） 床面との摩擦はないとすると，慣性力 $m\ddot{x}$ とバネの復元力 kx の間で，

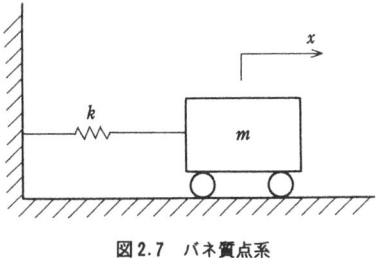

$$m\ddot{x} = -kx$$

図 2.7　バネ質点系

が成立する．初期条件 $x(0)=x_0$, $\dot{x}(0)=0$ のもとで上の運動方程式を解けば，台車の動きを知ることができる．運動方程式は $\omega^2 = k/m$ とおいて，

$$\ddot{x} + \omega^2 x = 0$$

と書き換えられる．上式をラプラス変換すれば，

$$s^2 X(s) - s x_0 + \omega^2 X(s) = 0$$

となる．$X(s)$ について解くと，

$$X(s) = \frac{s x_0}{s^2 + \omega^2}$$

であるからこれを逆ラプラス変換して，

$$x(t) = x_0 \mathcal{L}^{-1}\left[\frac{s}{s^2 + \omega^2}\right]$$

$$= x_0 \cos \omega t$$

となる．これは振幅 x_0，角振動数 ω の調和振動となることを示している．

演習問題

2.1 次の複素数を極形式で表せ．
　　(1) $z_1 = j$　(2) $z_2 = 1+j$　(3) $z_3 = \sqrt{3}+j$　(4) $z_4 = \sqrt{3}-j$
　また $z_1 \cdot z_2$, z_1/z_2, $z_3 \cdot z_4$, z_3/z_4 を求めよ．
2.2 式 (2.10) の関係が成立することを示せ．
2.3 複素数 $z = 1/(1+j \cdot a)$ で $a=0$, $a=1$, $a=\sqrt{3}$ のときの絶対値と偏角を求めよ．

このときのzの値を複素平面にプロットせよ.

2.4 次の時間関数のラプラス変換を求めよ.
　　(1) $5t+e^{-3t}$　　(2) $e^{-t}\cdot\sin\omega t$　　(3) $e^{-t}\cdot t^2$

2.5 $f(t)=t\cdot e^{-j\omega t}$ のラプラス変換を求めよ. 次にこの結果を利用して $\mathcal{L}[t\sin\omega t]$ $\mathcal{L}[t\cos\omega t]$ を求めよ.

2.6 次の関数の逆ラプラス変換を求めよ.
　　(1) $1/(s+1)(s+2)$　　(2) $(s+c)/(s+a)(s+b)$　　$(a\neq b)$
　　(3) $1/(s^2+2s+2)$　　(4) $(s+1)/s(s+3)^2$

2.7 $F(s)=1/s(s+2)(s+10)$ の逆ラプラス変換 $f(t)$ を求めよ. さらに $\lim_{t\to\infty}f(t)$ の値が最終値の定理を使って得られる結果に一致することを確かめよ.

2.8 次の微分方程式を解け.
　　(1) $\ddot{x}+3\dot{x}+2x=0$　　$x(0)=1$　　$\dot{x}(0)=0$
　　(2) $\ddot{x}+\dot{x}+x=1$　　$x(0)=0$　　$\dot{x}(0)=0$

2.9 例題2.10の力学系で$x(0)=0$, $\dot{x}(0)=v_0$とすると台車はどのような動きをするか. 例題2.10の場合と比較せよ.

3 自動制御系の表現

　本章では，自動制御系の表現法について説明する．自動制御系を表す場合，解析，設計の立場から信号の伝達の様子が簡単に分かり易く記述されることが望ましい．ここではこの一つの表現法として伝達関数とブロック線図を使った制御系の表現について説明する．

　自動制御系の解析を行う前に制御系がどのような要素で構成されているのか把握し，信号がどのように流れ，変換されているか知る必要がある．このため制御系を構成している要素の特性を表現する伝達関数について，その定義と求め方を簡単な具体例を使って説明する．ついでいくつかの構成要素で作られた制御系の信号の流れを簡単化し明瞭に表現するブロック線図の描き方について述べる．伝達関数，ブロック線図で自動制御系を表した場合，制御系の解析，設計のためにブロック線図を種々な形に変換したり，いくつかの構成要素を結合することが必要となることがある．そこでブロック線図の等価変換や伝達関数の結合について学ぶこととする．

3.1 伝達関数

　制御系はいくつかの構成要素の結合によって系全体が制御目的に合うように構成されており，システム全体として目標値と制御量の入出力信号を保有している．また制御系を構成している個々の要素についても同様に入出力信号がある．それぞれの構成要素は入力信号を出力信号に変えて伝達していることから信号の伝達要素ということができる．多くの伝達要素は入力信号 $u(t)$，出力信号 $x(t)$ とすると，次のような線形微分方程式で記述される入出力信号の伝

達関係を与える．

$$\frac{d^n x}{dt^n}+a_1\frac{d^{n-1}x}{dt^{n-1}}+\cdots+a_{n-1}\frac{dx}{dt}+a_n x$$
$$=b_0\frac{d^m u}{dt^m}+b_1\frac{d^{m-1}u}{dt^{m-1}}+\cdots+b_{m-1}\frac{du}{dt}+b_m u \quad (3.1)$$

式(3.1)は伝達要素に入力信号 $u(t)$ が加えられたとき，どのような出力信号 $x(t)$ を発生するかその特性を示した数式モデルを表しており，どのような性質の信号，どのような物理的意味の構成要素であるか問題にしていない．したがって，機械系や電気系のように異なった物理系を扱っても入出力関係を記述する数式モデルは同一の表現となることがあり，実際の物理系を対象としない範囲では同じように処理することができる．

もちろん，式(3.1)のような形で入出力関係を表示できない制御系も存在するが，本書では最も基本的で重要な線形定係数の微分方程式(3.1)で記述される制御系だけを扱う．

入出力関係を表す式(3.1)の表現は煩雑であるのでこれを簡単化すると同時に制御系の解析や設計を容易にするため**伝達関数**（transfer function）を導入する．

伝達関数は，初期条件をすべて零（すなわち平衡状態）としたときの出力のラプラス変換と入力のラプラス変換の比，

$$伝達関数 = \frac{出力のラプラス変換}{入力のラプラス変換} \quad (3.2)$$

によって定義づけられる．したがって，式(3.1)の入出力関係を与える要素の伝達関数は次のように求められる．前章のラプラス変換の結果から $\mathcal{L}[x(t)]=X(s)$, $\mathcal{L}[u(t)]=U(s)$ とおいて式(3.1)をラプラス変換すれば，

$$(s^n+a_1 s^{n-1}+a_2 s^{n-2}+\cdots+a_{n-1}s+a_n)X(s)=(b_0 s^m+b_1 s^{m-1}+\cdots+b_{m-1}s+b_m)U(s)$$

となり，伝達関数，

$$\frac{X(s)}{U(s)}=\frac{b_0 s^m+b_1 s^{m-1}+\cdots+b_{m-1}s+b_m}{s^n+a_1 s^{n-1}+a_2 s^{n-2}+\cdots+a_{n-1}s+a_n} \quad (3.3)$$

を得る．伝達関数 $X(s)/U(s)$ を $G(s)$ で表記すると，

$$X(s) = G(s)U(s) \tag{3.4}$$

とも書けるから，出力のラプラス変換は入力のラプラス変換と伝達関数の積によって求められる．

3.2 要素の伝達関数の例

伝達関数の概念の理解を容易にするため，以下にいくつかの簡単な要素の伝達関数を挙げておく．

a) 比例要素

検出器としてよく使われるポテンショメータは変位を入力として変位に応じた電圧を出力する．たとえば，図3.1のような直動形ポテンショメータでは変位 u と出力電圧 e_0 との間には比例関係,

$$e_0(t) = Eu(t)$$

が成立する．したがって $\mathscr{L}[e_0(t)] = E_0(s)$, $\mathscr{L}[u(t)] = U(s)$ とすると伝達関数,

$$\frac{E_0(s)}{U(s)} = E \tag{3.5}$$

を得る．このように伝達関数が定数となる要素を比例要素という．

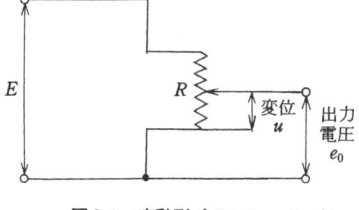

図3.1 直動形ポテンショメータ

b) 積分要素

図3.2のような水槽を考える．流入口より $q(t)[\text{m}^3/\text{sec}]$ の流量の水がこの水槽に流れるとする．このときの水槽の水位 $h(t)[\text{m}]$ と流量 $q(t)$ との関係は水槽の断面積 $A[\text{m}^2]$ とすると,

$$Ah(t) = \int_0^t q(\tau)d\tau$$

となる．$\mathscr{L}[h(t)] = H(s)$, $\mathscr{L}[q(t)] = Q(s)$ として両辺のラプラス変換を行なえば,

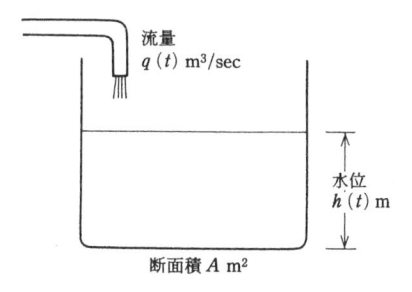

図3.2 積分要素の液面系

$$AH(s) = \frac{1}{s}Q(s)$$

が得られる．したがって流量と水位との間の伝達関数は，

$$\frac{H(s)}{Q(s)} = \frac{1}{A} \cdot \frac{1}{s} \tag{3.6}$$

となる．上式の伝達関数の形となる要素を積分要素という．

c) 一次遅れ要素

積分要素の場合と同じく液面系を考える．この水槽では図3.3のように水槽

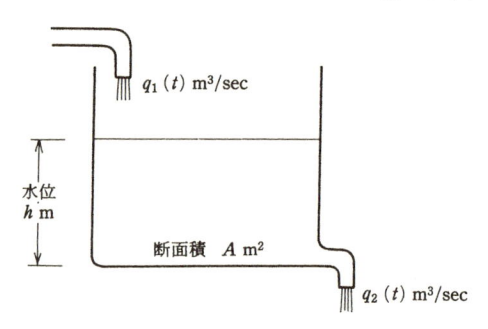

図3.3 一次遅れ要素の液面画系

に流出口があり，流入量 $q_1(t)[\mathrm{m^3/sec}]$，流出量 $q_2(t)[\mathrm{m^3/sec}]$ および水位 $h(t)[\mathrm{m}]$ で平衡状態にあるとする．いま流入量を $q_1(t)$ から $q_1 + \Delta q_1(t)$ に変化させると，水位 $h(t)$ は $h + \Delta h(t)$ に変化する．このとき流入量の変動 $\Delta q_1(t)$ から水位の変化量 $\Delta h(t)$ との間の伝達関数を調べてみる．

断面積 $A[\mathrm{m^2}]$ とすると流量の収支より関係式，

$$A\frac{d\Delta h(t)}{dt} = \Delta q_1(t) - \Delta q_2(t) \tag{3.7}$$

が成立する．また流出量はベルヌーイの定理に従い水位の平方根に比例するので，

$$q_2(t) + \Delta q_2(t) = \alpha\sqrt{h(t) + \Delta h(t)} \tag{3.8}$$

が成り立つ．ただし α は比例定数である．上式は線形でないから扱いにくい．そこでこれを**線形化**（linearlization）する．このため水位の変動 $\Delta h(t)$ は小さいものとして $h(t) \gg \Delta h(t)$ を仮定しておく．

$$q_2(t)+\varDelta q_2(t)=\alpha\sqrt{h(t)}\left(1+\frac{\varDelta h(t)}{h(t)}\right)^{\frac{1}{2}} \tag{3.9}$$

と変形すれば，$h \gg \varDelta h(t)$ であるから，

$$\alpha\sqrt{h(t)}\left(1+\frac{\varDelta h(t)}{h(t)}\right)^{\frac{1}{2}} \fallingdotseq \alpha\sqrt{h}\left(1+\frac{\varDelta h}{2h}\right) \tag{3.10}$$

のように $\varDelta h$ に関し線形近似することができる．流入量が増加する前の平衡状態での流出量は，

$$q_2=\alpha\sqrt{h} \tag{3.11}$$

であるので，式 (3.9)，(3.10)，(3.11) によって，

$$\varDelta q_2(t)=\frac{\alpha\sqrt{h}}{2h}\varDelta h(t)$$

の関係式を得る．これを式 (3.7) に代入して $\mathscr{L}[\varDelta h(t)]=H(s)$，$\mathscr{L}[\varDelta q_1(t)]=Q_1(s)$ と定義してラプラス変換すれば，

$$AsH(s)=Q_1(s)-\frac{\alpha}{2\sqrt{h}}H(s)$$

が導かれる．これより流入量の変化量から水位の変化量までの伝達関数は，

$$\frac{H(s)}{Q_1(s)}=\frac{1}{As+\alpha/(2\sqrt{h})}$$

となる．上式を変形して，

$$\frac{H(s)}{Q_1(s)}=\frac{K}{1+Ts} \tag{3.12}$$

のような標準的な形にできる．ただし $T \triangleq 2A\sqrt{h}/\alpha$，$K \triangleq 2\sqrt{h}/\alpha$ とした．式 (3.12) の形の伝達関数となる要素を一次遅れ要素という．

[例題 3.1] 図 3.4 の RC 回路において，入力電圧 $e_i(t)$，出力電圧 $e_o(t)$ とするとき，一次遅れの伝達関数となることを示せ．

（解答）回路に流れる電流を $i(t)$ とすると，

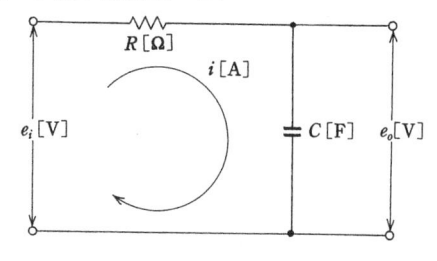

図 3.4 RC 回路

$$e_i(t) - e_o(t) = R \cdot i(t)$$

$$e_o(t) = \frac{1}{C}\int_0^t i(\tau)d\tau$$

なる関係が成り立つ. $\mathscr{L}[e_i(t)] = E_i(s)$, $\mathscr{L}[e_o(t)] = E_o(s)$, $\mathscr{L}[i(t)] = I(s)$ として上式をラプラス変換すれば,

$$E_i(s) - E_o(s) = RI(s)$$

$$E_o(s) = \frac{1}{Cs}I(s)$$

を得る. $I(s)$ を消去して $E_o(s)$, $E_i(s)$ の比をとれば伝達関数,

$$\frac{E_o(s)}{E_i(s)} = \frac{1}{1 + RCs}$$

が導出される. これは前述の液面系と同様, 式 (3.12) の形であり, 一次遅れ要素である.

d) 二次遅れ要素

図3.5のような RLC 回路において入力電圧 $e_i(t)$, 出力電圧 $e_o(t)$ とする.

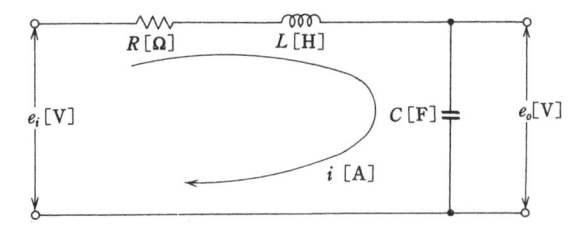

図3.5 RLC回路

このときの伝達関数を求めてみよう.

回路に流れる電流 $i(t)$ とすると,

$$e_i(t) - e_o(t) = Ri(t) + L\frac{d}{dt}i(t) \tag{3.13}$$

$$i(t) = C\frac{de_o(t)}{dt} \tag{3.14}$$

なる関係が得られる. 上式で変数 $i(t)$ を消去すると,

$$e_i(t) - e_o(t) = RC\frac{d}{dt}e_o(t) + LC\frac{d^2}{dt^2}e_o(t) \tag{3.15}$$

となる．ここで $\mathscr{L}[e_i(t)]=E_i(s)$，$\mathscr{L}[e_o(t)]=E_o(s)$ および初期値零として上式をラプラス変換すれば，

$$E_i(s)=(LCs^2+RCs+1)E_o(s)$$

となるから伝達関数 $E_o(s)/E_i(s)=G(s)$ は，

$$G(s)=\frac{1/(LC)}{s^2+(R/L)s+1/(LC)} \tag{3.16}$$

と導くことができる．$\mathscr{L}[i(t)]=I(s)$ とおいて直接，式(3.13), (3.14)をラプラス変換して $I(s)$ を消去しても同じ伝達関数が得られる．

式(3.16)のような伝達関数を持つ要素を二次遅れ要素と呼ぶ．ここで $\omega_n=\sqrt{1/(LC)}$，$\zeta=R/(2\omega_n L)$ とおくと

$$G(s)=\frac{\omega_n^2}{s^2+2\zeta\omega_n s+\omega_n^2} \tag{3.17}$$

と表せる．式(3.17)の形を**二次標準形**という．ここで ω_n は**固有周波数**(undamped natural frequency), ζ は**減衰係数**(damping ratio)と呼ばれ，二次遅れ系を特徴づけるパラメータであり，このパラメータの影響については後の章で詳しく述べる．

図3.6のような機械振動系も二次遅れの伝達関数となる．いま台車の質量 m[kg]，バネ定数 k[N/m]，ダッシュポットの粘性係数 c[N sec/m]として，水平方向の外力 $f(t)$[N]，台車の水平方向の変位 x とすると，

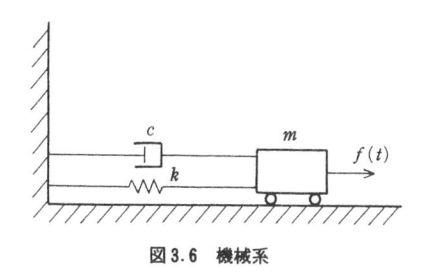

図3.6 機械系

$$m\frac{d^2x}{dt^2}+c\frac{dx}{dt}+kx=f(t) \tag{3.18}$$

なる運動方程式が得られる．この式は式(3.15)と同形であり二次遅れ要素の伝達関数となることは容易に理解できる．

[例題 3.2] 図 3.7 に示すような電機子制御の直流サーボモータの入力電圧 e_i から回転体の回転角変位 θ までの伝達関数を求めよ．ただし電機子回路の抵抗インダクタンスを $R_a[\Omega]$，$L_a[\mathrm{H}]$，起電力定数を $K_e[\mathrm{V/rad/s}]$ とし，また負荷の慣性モーメント $J[\mathrm{kg \cdot m^2}]$，粘性抵抗係数 $D[\mathrm{kg \cdot m^2/s}]$，モータのトルク係数 $K_T[\mathrm{Nm/A}]$ とする．

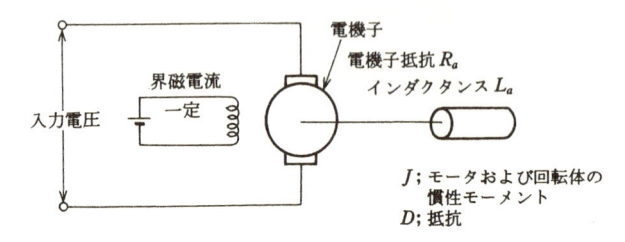

図 3.7 電機子制御の直流サーボモータ

（解答） 電機子電流 $i_a[\mathrm{A}]$ とすると電機子回路において，

$$e_i = L_a \frac{di_a}{dt} + R_a i_a + e_b$$

が成立する．ここで e_b は逆起電力で，回転速度 $d\theta/dt$ に比例し，

$$e_b = K_e \frac{d\theta}{dt}$$

である．
一方，発生トルク T は電機子電流 i_a に比例し，

$$T = K_T i_a$$

であり，このトルク T によって物体が駆動されるから，

$$T = J \frac{d^2\theta}{dt^2} + D \frac{d\theta}{dt}$$

も成立する．
ここでインダクタンス L_a は小さいと仮定してこれを無視し，θ，e_i 以外の変数を消去すれば，

$$\frac{R_a J}{K_T} \ddot{\theta} + \left(\frac{R_a D}{K_T} + K_e\right) \dot{\theta} = e_i$$

を得る．これをラプラス変換して伝達関数，

$$\frac{\Theta(s)}{E_i(s)} = \frac{K_T}{R_a D + K_e K_T} \frac{1}{s(T_m s + 1)}$$

が導出できる．ただし $\mathcal{L}[\theta(t)] = \Theta(s)$，$\mathcal{L}[e_i(t)] = E_i(s)$，$T_m = R_a J / (R_a D + K_e K_T)$ とおいた．

3.3 ブロック線図

制御系は前節で述べた伝達関数を持ついくつかの要素が結合されて構成されている．そこで制御系を表現するのに，

　ⅰ) 種々な要素がどのように結合されているか．
　ⅱ) 信号の伝達がいかに行われているか．

を明確にすることが望ましい．このため，それぞれの要素の特性，信号の流れを系統的に簡潔に表現する方法として**ブロック線図**（block diagram）が用いられる．

A．ブロック線図の描き方

制御系をブロック線図表現するのに基本的な規約があり，これに基づいて描かれる．ブロック線図を構成する基本単位は，**信号経路，伝達要素，加え合せ点，引き出し点**の4単位である．

　a) 信号経路；信号を伝達する経路と方向を表し，経路は線，方向は矢印で示す．
　b) 伝達要素；構成要素を表し，要素の名称あるいは特性を示す数式（伝達関数が多く使われる．）をブロックで囲み図3.8(a)のように描く．
　c) 加え合せ点；2つの信号の和あるいは差を表し，図3.8(b)のような記号で描く．
　d) 引き出し点；信号が分岐する点を表し，図3.8(c)のように描く．

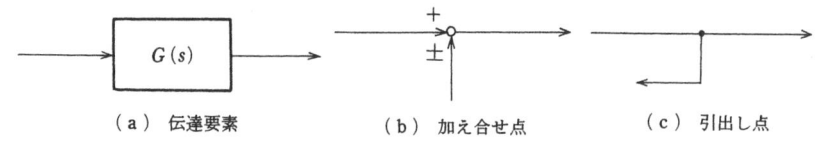

　　(a) 伝達要素　　　　(b) 加え合せ点　　　　(c) 引出し点

図3.8 ブロック線図の基本単位

これらの基本単位の組み合わせで制御系をすべて表現することができる．ブ

ロック線図を描く場合，必要に応じ要素の入力信号や出力信号にその名称を付記することもある．

次の例題を使って具体的なブロック線図の描き方を説明する．

[**例題 3.3**] 図 3.9 に示す直流モータによる回転角制御系のブロック線図を描け．

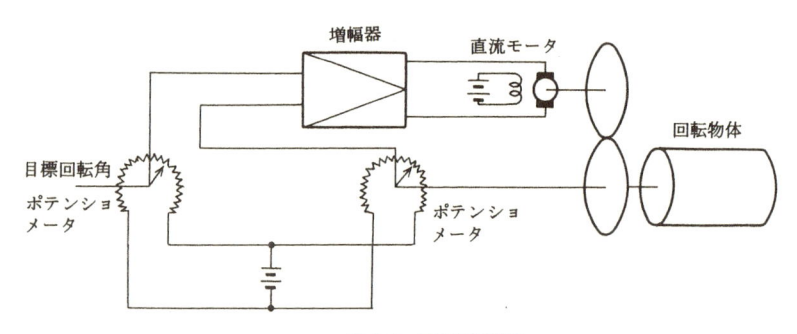

図 3.9 回転角制御系

（解答）　入力端の信号の流れに注目すると，目標とする回転角度 θ_i をポテンショメータにより基準入力に変換している．一方，制御量となる制御物体の回転角をポテンショメータにより検出し，これを基準入力と比較して偏差電圧 e を生じているから，ポテンショメータの比例定数を k_p とするとこの部分の信号の流れは図 3.10 (a) のブロック線図で表される．

次に偏差電圧 e を増幅器で増幅しモータを駆動している．増幅された偏差電圧 e_a によりモータを回転させ制御物体に回転角を生じているから，増幅器の倍率 k_a，モータの伝達関数として例題 3.2 の結果を用いればこの部分のブロック線図は図 3.10 (b) のように描ける．

制御物体の回転角 θ_0 は制御量であると同時にポテンショによって検出されフィードバックされる信号であるから，ここで信号は分岐する．したがって信号の流れは図 3.10 (c) のようになる．

得られたそれぞれのブロック線図を同じ信号で結びまとめれば，図 3.11 のような制御系のブロック線図が描ける．

図3.10 各部のブロック線図

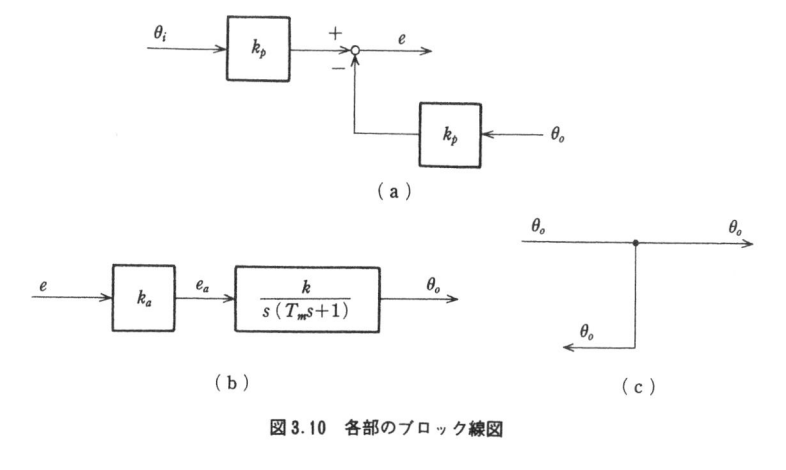

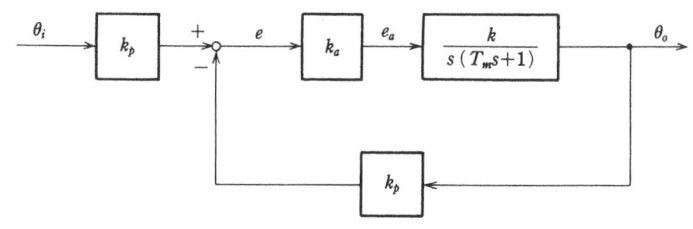

図3.11 回転角制御系のブロック線図

B. ブロック線図の基本結合法則

いくつかのブロックが組み合わさっている場合，これをまとめておいた方が制御系の解析や設計に便利なことがある．そこでいくつかのブロックを結合する法則について述べる．結合の仕方には**直列結合**（cascade connection），**並列結合**（parallel connection），**フィードバック結合**（feedback connection）があり，以下にそれぞれの結合について説明する．

a) 直列結合

この結合は図3.12(a)のようにいくつもの要素を直列に接続した結合の仕方である．説明を簡単にするため，2つの要素を直列に接続した場合を考える．図3.12(b)のように要素の伝達関数を $G_1(s)$，$G_2(s)$ とし，要素1の入力 $X(s)$，出力を $Y(s)$，また要素2の入力は要素1の出力に等しく，出力を

図 3.12 (a)　要素の直列結合

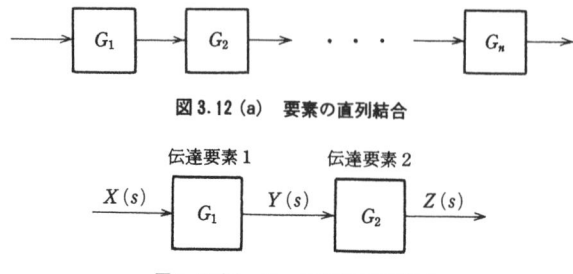

図 3.12 (b)　2つの要素の直列結合

$Z(s)$ とする．このとき直列結合系全体の伝達関数 $G(s)$ は，

$$Y(s) = G_1(s)X(s)$$
$$Z(s) = G_2(s)Y(s)$$

であるから，$Y(s)$ を消去して，

$$G(s) = G_2(s)G_1(s) \tag{3.19}$$

となる．

このことから，一般に n 個の要素の直列結合によって得られる系全体の伝達関数は，

$$G(s) = \prod_{i=1}^{n} G_i(s) \tag{3.20}$$

である．すなわち，直列結合系の伝達関数は各々の伝達要素の伝達関数 $G_i(s)$ の積となり，図 3.13 のように n 個のブロックを 1 つのブロックにまとめることができる．

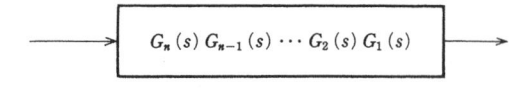

図 3.13　結合後の伝達関数

［例題 3.4］　図 3.14 のように積分要素と一次遅れ要素の直列結合した場合の伝達関数を求めよ．

$G_1(s) = \dfrac{K_1}{s}$　　$G_2(s) = \dfrac{K_2}{Ts+1}$

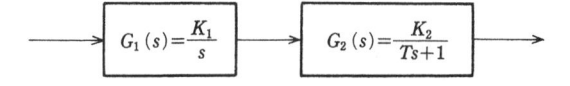

図 3.14　例題 3.3 の直列結合

（解答） 直列結合であるから，式 (3.20) によってそれぞれの伝達関数の積，
$$G(s) = \frac{K_1 \cdot K_2}{s(Ts+1)}$$
となり，図 3.15 のようなブロックにまとめられる．

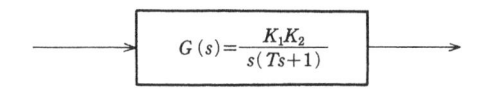

図 3.15 例題 3.3 の直列結合

b）並列結合

この結合は要素を図 3.16 のように並列に接続したもので，入力信号 $U(s)$，

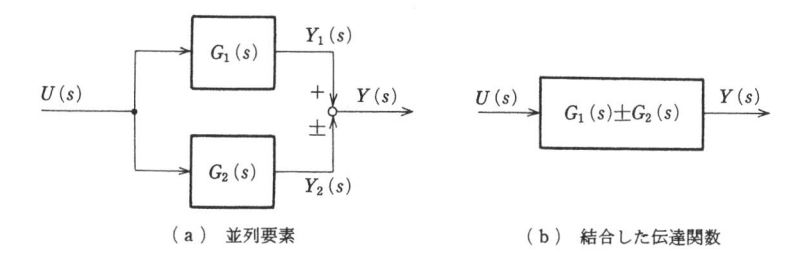

（a）並列要素　　　　　　　（b）結合した伝達関数

図 3.16 並列結合系

それぞれの要素の伝達関数 $G_1(s), G_2(s)$ および出力を $Y_1(s), Y_2(s)$ とすると，
$$Y_1(s) = G_1(s)U(s)$$
$$Y_2(s) = G_2(s)U(s)$$
である．結合したシステムの出力 $Y(s)$ は，
$$Y(s) = Y_1(s) \pm Y_2(s)$$
であるから，これに $Y_1(s), Y_2(s)$ の式を代入して，
$$Y(s) = \{G_1(s) \pm G_2(s)\}U(s)$$
となる．したがって $G_1(s), G_2(s)$ の並列結合系の伝達関数 $G(s)$ は，
$$G(s) = G_1(s) \pm G_2(s) \tag{3.21}$$
を得る．一般に n 個の要素の並列結合系の伝達関数は，
$$G(s) = \sum_{i=1}^{n} G_i(s) \tag{3.22}$$

となる．すなわち，並列結合した時の系全体の伝達関数は各々の伝達関数の和としてまとめられる．

[**例題 3.5**] 例題3.4の2つの要素の並列結合の伝達関数を求めよ．
(**解答**) それぞれの要素の和で系全体の伝達関数となるから，
$$G(s)=\frac{k_1}{s}+\frac{k_2}{Ts+1}=\frac{(k_1T+k_2)s+k_1}{s(Ts+1)}$$
のように求められる．

c) フィードバック結合

図3.17のように要素を接続した結合をフィードバック結合という．前向き

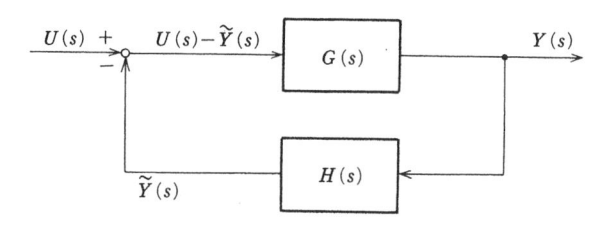

図3.17 フィードバック結合

要素の伝達関数を $G(s)$ として，その出力を要素 $H(s)$ を通してフィードバックした結合である．この系の入力 $U(s)$ から出力 $Y(s)$ までの伝達関数は次のようにまとめられる．

フィードバック要素の出力を $\tilde{Y}(s)$ とおくと，
$$Y(s)=G(s)(U(s)-\tilde{Y}(s))$$
$$\tilde{Y}(s)=H(s)Y(s)$$
の関係が成立する．上式より $\tilde{Y}(s)$ を消去すると，
$$(1+G(s)H(s))Y(s)=G(s)U(s)$$
を得る．したがって伝達関数 $Y(s)/U(s)=W(s)$ は，
$$W(s)=\frac{G(s)}{1+G(s)H(s)} \tag{3.23}$$

となる．この結合はループが閉じた形をしているので，系全体の伝達関数 $W(s)$ を**閉ループ伝達関数**（closed loop transfer function）という．またループを一巡したときの伝達関数は $G(s)$，$H(s)$ の直列結合であるから $G(s)H(s)$ となる．この $G(s)H(s)$ のことを**一巡伝達関数**（overall transfer function）と呼ぶ．したがって，フィードバック結合系の伝達関数（閉ループ伝達関数）は，

$$閉ループ伝達関数 = \frac{(入力から出力に至る最短経路の伝達関数)}{1+(一巡伝達関数)}$$

のように表すことができる．

[**例題 3.6**] 例題 3.4 の 2 つの要素を図 3.18 のようにフィードバック結合したときの閉ループ伝達関数を求めよ．

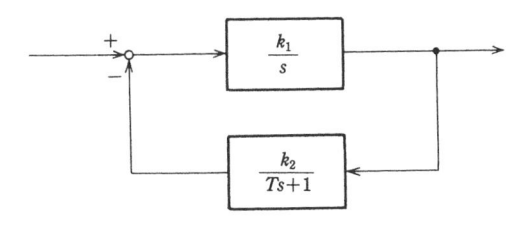

図 3.18　例題 3.5 のフィードバック結合系

（解答）一巡伝達関数は 2 つの要素の直列結合であるから，

$$G(s)H(s) = \frac{k_1 \cdot k_2}{s(Ts+1)}$$

であり，$U(s)$ から $Y(s)$ への最短経路の伝達関数は k_1/s であるので閉ループ伝達関数 $W(s)$ は，

$$W(s) = \frac{\dfrac{k_1}{s}}{1+\dfrac{k_1 k_2}{s(Ts+1)}} = \frac{k_1(Ts+1)}{s(Ts+1)+k_1 k_2}$$

となる．

C．ブロック線図の等価変換

いくつかのブロックをまとめて伝達関数を簡単化する場合，基本結合法則だ

けでは整理できないことがある．このため入出力関係を変えることなくブロック線図の形を変える**等価変換**が有用となる．基本的な等価変換を表3.1にまとめておく．

表3.1 基本等価変換

伝達要素の入れ換え	→ G_1 → G_2 →	→ G_2 → G_1 →
加え合せ点の入れ換え	x +〇 +〇 $x\pm y\pm z$　±↑y　±↑z	x +〇 +〇 $x\pm y\pm z$　±↑z　±↑y
引き出し点の入れ換え	x ←―●―→ x ↓ x	x ←●―――→ x ↓ x
加え合せ点と要素の入れ換え	x +〇→ G → $G(x\pm y)$　±↑　　　y	x → G → +〇 → $G(x\pm y)$　　　　　±↑　y → G ――┘
引き出し点と要素の入れ換え	x →●→ G → y　↓　x	x → G →●→ y　　　↓ $1/G$ → x

　この等価変換と基本結合則を用いてブロック線図の簡単化が容易に行える．もちろん，基本結合の説明に使ったいくつかの代数方程式から変数を消去して簡単化することも可能である．

　具体的ブロック線図をどのように変換して簡単化するかについては次の例題によって説明する．

　[例題 3.7] 連結した2つの水槽からなる液面系を考える．図3.19に示すように第1の水槽には $q_1(t)[\text{m}^3/\text{sec}]$ の水が流入しており，第2の水槽からは $q_3(t)[\text{m}^3/\text{sec}]$ の水が流出する．第1の水槽と第2の水槽は管で結ばれ $q_2[\text{m}^3/\text{sec}]$ の水が第1の水槽から第2の水槽に流れている．それぞれの槽の水位は $h_1(t)[\text{m}]$, $h_2(t)[\text{m}]$ で $q_1=q_2=q_3$ の平衡状態にあり，水槽の断面積は $A_1[\text{m}^2]$, $A_2[\text{m}^2]$ である．このとき流入量 q_1 が $q_1+\varDelta q_1$ に変化したとき，q_3 の変動量を $\varDelta q_3$ として $\varDelta q_1$ から $\varDelta q_3$ の伝達関数をブロック線図の簡単化により求める．

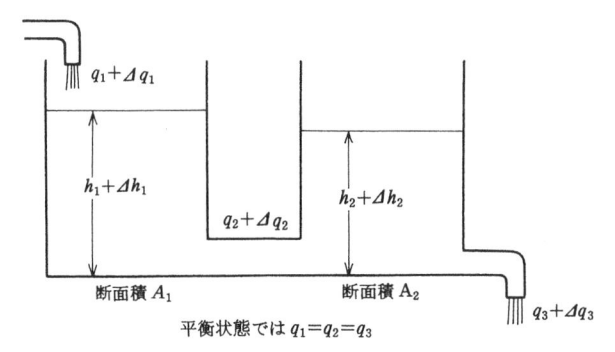

図3.19 2つの水槽を連結した液面系

（解答） 一次遅れ要素の液面系の伝達関数を導びいたように，第1，第2の水槽について，水量の保存則，ベルヌーイの定理によって，

第1水槽；$A_1 \dfrac{d\Delta h_1}{dt} = \Delta q_1 - \Delta q_2$, 　$\Delta q_2 = \alpha_1(\Delta h_1 - \Delta h_2)$

第2水槽；$A_2 \dfrac{d\Delta h_2}{dt} = \Delta q_2 - \Delta q_3$, 　$\Delta q_3 = \alpha_2 \Delta h_2$

の関係を得る．ただし α_1, α_2 は比例定数である．$\mathscr{L}[\Delta h_i] = H_i(s)$ ($i=1, 2$)，$\mathscr{L}[\Delta q_j] = Q_j(s)$ ($j=1, 2, 3$) とおくと，上式のラプラス変換式は各々，

$$A_1 s H_1(s) = Q_1(s) - Q_2(s) \tag{3.24}$$
$$Q_2(s) = \alpha_1 (H_1(s) - H_2(s)) \tag{3.25}$$

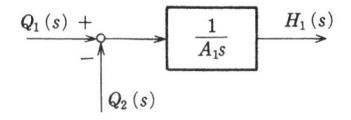

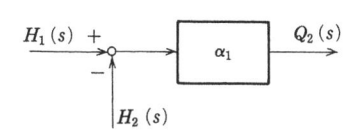

（a） 式(3.24)のブロック線図　　　　（b） 式(3.25)のブロック線図

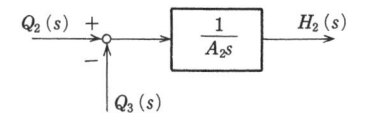

（c） 式(3.26)のブロック線図　　　　（d） 式(3.27)のブロック線図

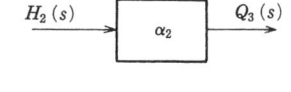

図3.20 各関係式のブロック線図

50　3章　自動制御系の表現

$$A_2 s H_2(s) = Q_2(s) - Q_3(s) \tag{3.26}$$
$$Q_3(s) = \alpha_2 H_2(s) \tag{3.27}$$

となる．この関係を各々ブロック線図で表すと図3.20のように描ける．ここで同一の信号を結べば液面系のブロック線図として図3.21を得る．

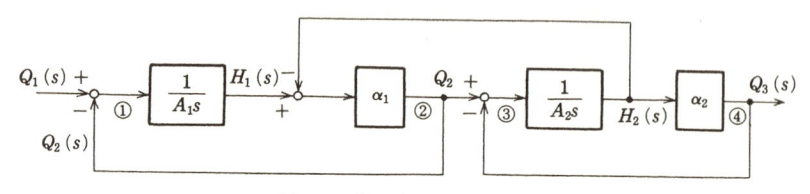

図3.21　液面系のブロック線図

次にこのブロック線図から等価変換，結合法則を使って簡単化し，伝達関数を導こう．このままの形で直接結合法則は適用できないから次のステップで簡単化する．
（ステップ1）　引き出し点と要素，加え合せ点と要素の移動を行い図3.22(a)の形に等価変換する．
（ステップ2）　次に引き出し点どうし，加え合せ点どうしの入れ換えを行うと図3.22(b)のようになる．

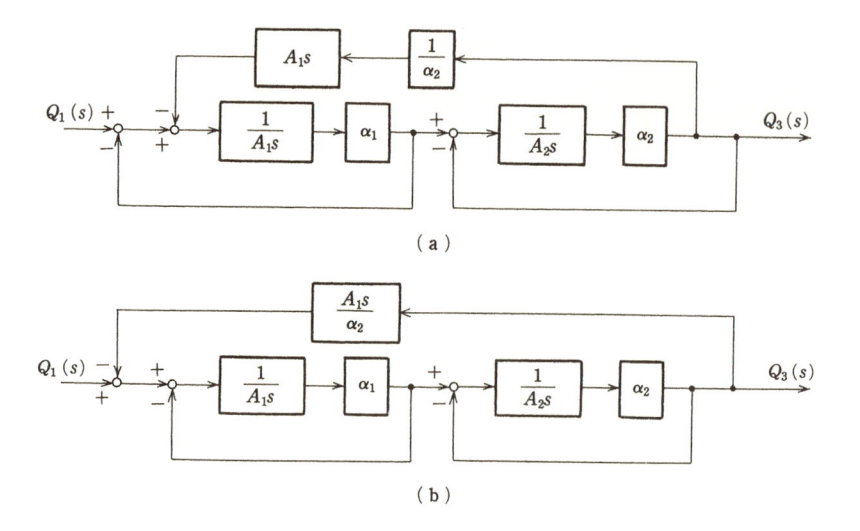

(a)

(b)

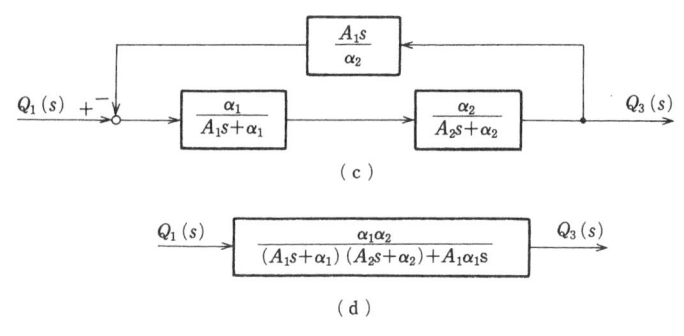

図 3.22 等価変換の手順

（ステップ3） 図3.22(b)の内側のループに直列結合，フィードバック結合を適用すると図3.22(c)のようになる．

（ステップ4） 再び直列結合を適用し，全体のフィードバックループにフィードバック結合則を適用すると伝達関数 $G(s)$ は，

$$G(s) = \frac{\dfrac{\alpha_1 \alpha_2}{(A_1 s + \alpha_1)(A_2 s + \alpha_2)}}{1 + \dfrac{\alpha_1 \alpha_2}{(A_1 s + \alpha_1)(A_2 s + \alpha_2)} \cdot \dfrac{A_1 s}{\alpha_2}}$$

$$= \frac{\alpha_1 \alpha_2}{(A_1 s + \alpha_1)(A_2 s + \alpha_2) + A_1 \alpha_1 s}$$

となる．

伝達関数 $G(s)$ の導出は式(3.24)〜(3.27)が図3.21のブロック線図の①〜④の点での関係を表しているから，これより変数 $Q_2(s)$, $H_1(s)$, $H_2(s)$ を消去して導くことも可能である．

[**例題 3.8**] 図 3.23 のブロック線図を簡単化し伝達関数を求めよ．

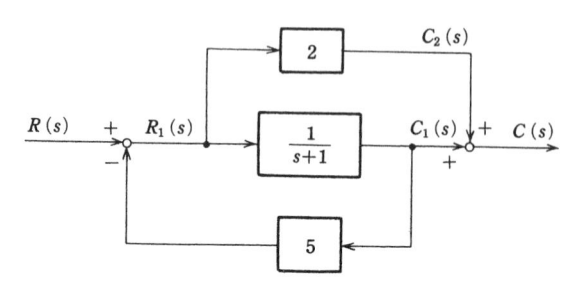

図 3.23　例題 3.8 のブロック線図

（**解答**）　引き出し点と伝達要素の交換，引き出し点どうしの交換により図 3.24 (a)

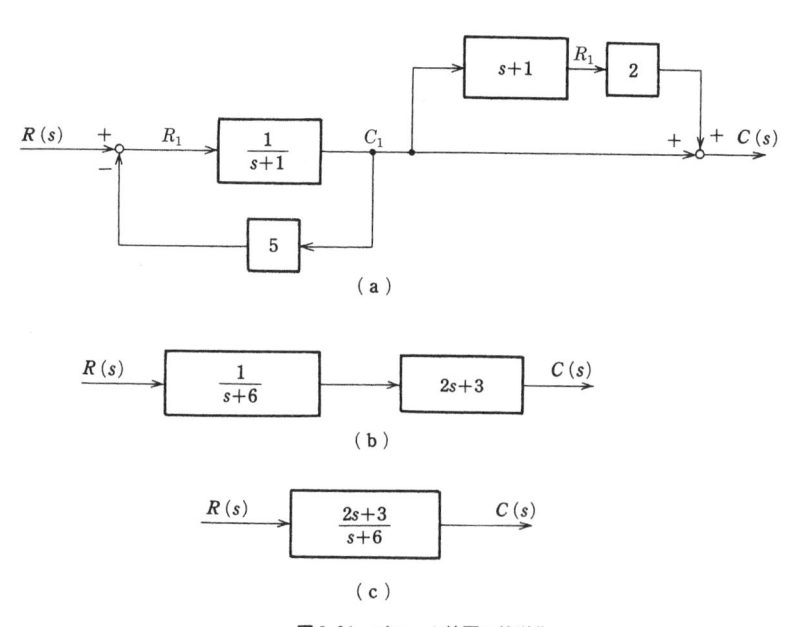

図 3.24　ブロック線図の簡単化

のブロック線図にできる．さらに基本結合則を適用すれば図 3.24 (b) のブロック線図に変換される．これより伝達関数，

$$\frac{C(s)}{R(s)} = \frac{2s+3}{s+6}$$

を得る.

(別解) 図 3.23 のように変数を仮定すると, これらの間に次の関係が成立する.

$$R_1(s) = R(s) - 5C_1(s)$$

$$C_1(s) = \frac{1}{s+1} R_1(s)$$

$$C_2(s) = 2R_1(s)$$

$$C(s) = C_1(s) + C_2(s)$$

ここで R, C 以外の変数を消去する. まず,

$$C(s) = \left(\frac{1}{s+1} + 2\right) R_1(s)$$

であり, また 2 番目の式より,

$$R_1(s) = (s+1)C_1(s)$$

であるからこれを 1 番目の式に代入して,

$$(s+6)C_1(s) = R(s)$$

となる. したがって伝達関数は

$$\frac{C(s)}{R(s)} = \frac{2s+3}{s+6}$$

である.

3.4 基本的自動制御系のブロック線図

自動制御系の基本的構成はすでに示したように制御対象, 検出部, 調節部および操作部で構成される. 調節部と操作部は直列結合となることが多く, この部分のブロックをまとめることができる. また制御系には自動制御系の働きを乱す外部からの外乱が作用する. この外乱のラプラス変換を $D(s)$ とすると基本的な制御系のブロック線図は図 3.25 のように表現できる.

この基本的な自動制御系において, 制御量が目標値および外乱によってどのように生成されるかを考えてみよう. まず外乱がない場合, 目標値から出力 $C_r(s)$ までの伝達関数 $C_r(s)/R(s)$ は $D(s)=0$ とおいて, 基本結合則を用いると,

$$\frac{C_r(s)}{R(s)} = \frac{G(s)G_c(s)}{1+G(s)G_c(s)H(s)} \tag{3.28}$$

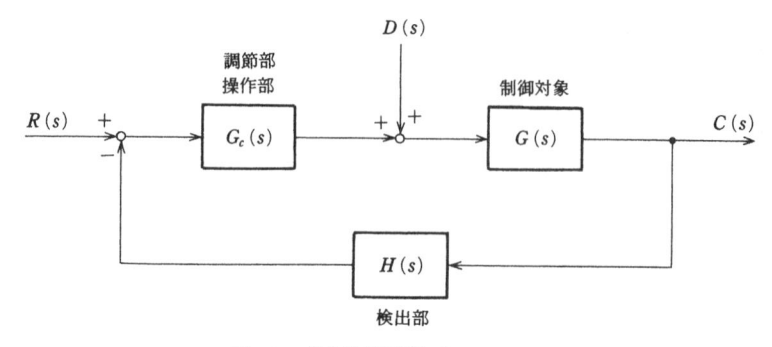

図3.25 基本的自動制御系のブロック線図

となる.また外乱から出力 $C_d(s)$ までの伝達関数 $C_d(s)/D(s)$ は $R(s)=0$ とおいて,

$$\frac{C_d(s)}{D(s)}=\frac{G(s)}{1+G(s)G_c(s)H(s)} \tag{3.29}$$

と得られる.制御量 $C(s)$ は目標値による出力 $C_r(s)$ と外乱による出力 $C_d(s)$ の重ね合せにより,

$$C(s)=\frac{G(s)G_c(s)}{1+G(s)G_c(s)H(s)}R(s)+\frac{G(s)}{1+G(s)G_c(s)H(s)}D(s) \tag{3.30}$$

となる.
さらに式(3.30)により目標値と検出信号 $H(s)C(s)$ との偏差 $e(t)$ のラプラス変換を $E(s)$ とすると,

$$E(s)=R(s)-H(s)C(s) \tag{3.31}$$

であるから,偏差 $E(s)$ は,

$$E(s)=\left(1-\frac{G(s)G_c(s)H(s)}{1+G(s)G_c(s)H(s)}\right)R(s)-\frac{G(s)H(s)}{1+G(s)G_c(s)H(s)}D(s)$$

$$=\frac{1}{1+G(s)G_c(s)H(s)}R(s)-\frac{G(s)H(s)}{1+G(s)G_c(s)H(s)}D(s)$$

$$\times D(s) \tag{3.32}$$

のように計算される．

制御系の基本構成のブロック線図において，特に $H(s)=1$ であるフィードバック系を**単一フィードバック系**（unity feedback system）あるいは**直結フィードバック系**と呼び，ブロック線図の等価変換を使ってこの形に変換して解析，設計が行われることがある．単一フィードバック系の場合の偏差 $E(s)$ は，

$$E(s)=\frac{1}{1+G(s)G_c(s)}R(s)-\frac{G(s)}{1+G(s)G_c(s)}D(s) \qquad (3.33)$$

となる．

演習問題

3.1 図 3.26 (a), (b) の回路で，入力電圧 e_i から出力電圧 e_o 間の伝達関数を求めよ．

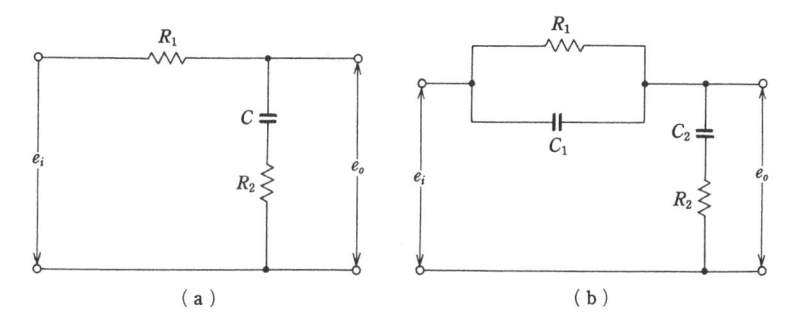

図 3.26 問題 3.1 の回路

3.2 図 3.27 の液面系の第 1 水槽への流入変化量 Δq_1 から第 2 水槽の水位の変化量 Δh_2 間の伝達関数は 2 つの一次遅れ要素の積の形となる．これを示せ．

図 3.27 問題 3.2 の液面系

3.3 図 3.28 の力学系において起振変位 $u(t)$ から質点 m の変位 x の間の伝達関数を求めよ．

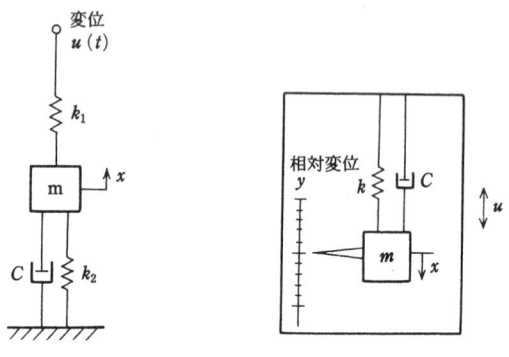

図 3.28 問題 3.3 の力学系

図 3.29 振動計

3.4 例題 3.3 の直流モータによる回転制御系のブロック線図を直結フィードバックの形のブロック線図に変換せよ．また目標回転角から出力までの伝達関数を求めよ．

3.5 図 3.29 は振動計の原理を示した図である．変位 $u(t)$ から測定される相対変位 y の間の伝達関数を求めよ．

3.6 図 3.30 のブロック線図を簡単化せよ．

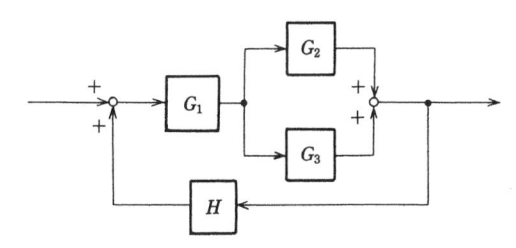

図 3.30 (a) 問題 3.6 のブロック線図

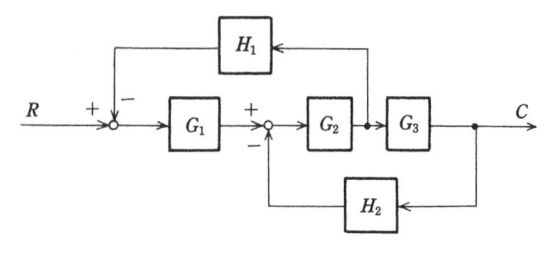

図 3.30 (b) 問題 3.6 のブロック線図

3.7 図 3.31 のブロック線図を簡単化した伝達関数 $C(s)/R(s)$ を求めよ．

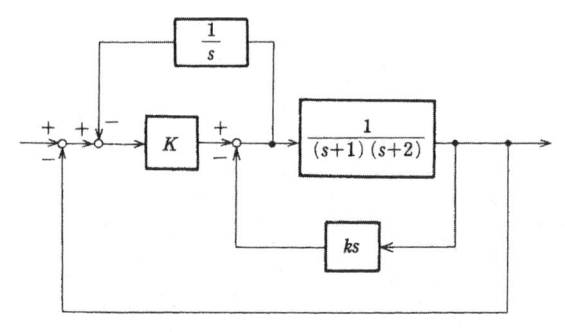

図 3.31 問題 3.7 のブロック線図

3.8 図 3.32 の制御系の応答 $C(s)$ を $R(s)$, $D(s)$ を使って表せ．

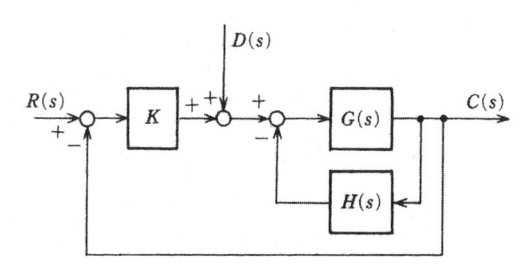

図 3.32 問題 3.8 の制御系

3.9 問題 3.8 において

$$G(s)=\frac{1}{s^2}$$

$$H(s)=ks$$

$$R(s)=\frac{R_0}{s}, \quad D(s)=\frac{D_0}{s}$$

であるとき，$\lim_{t\to\infty} c(t)$ と $D(s)=0$ の場合の $\lim_{t\to\infty} c(t)$ を比較せよ．

4 過渡応答法

本章では,制御系や要素の特性を表す過渡応答特性について説明する.これは制御系に加えられる目標値の変化に対してその出力の時間応答を調べることによって特性を把握するものである.

過渡応答は制御系の良し悪しを,代表的な試験信号に対して時間の経過と共に変化する出力の応答によって調べるものであり,時間領域での制御系の特性を表す.過渡応答の特性を解析するのに用いられる試験信号は制御系に加わる入力の特徴を代表し,かつ数学的扱いの便利なインパルス入力,ステップ入力が使われる.そこで数学的取り扱いの容易なインパルス入力を試験信号とするインパルス応答について学習し,ついで物理的取り扱いも容易で数学的にも簡単なステップ入力を試験信号とするステップ応答(インディシャル応答)について基本的な一次遅れ,二次遅れ系を使って説明する.さらにこれらの結果をもとに高次系の過渡特性の扱いについても述べることにする.

4.1 インパルス応答

伝達関数が $G(s)$ の図4.1の制御系に入力信号 $u(t)$ が加えられると,出力信号

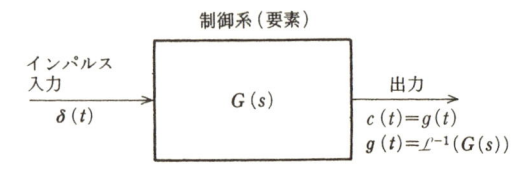

図 4.1 制御系のインパルス応答

$c(t)$は,前章で述べたように

$$C(s) = G(s)U(s) \tag{4.1}$$
$$\mathcal{L}[u(t)] = U(s),\ \mathcal{L}[c(t)] = C(s)$$

であるから,$\mathcal{L}^{-1}[G(s)] = g(t)$とすれば,$s$領域での積$G(s)U(s)$は合成積のラプラス変換であるので

$$\begin{aligned}c(t) &= \mathcal{L}^{-1}[G(s) \cdot U(s)] \\ &= \int_0^t g(t-\tau)u(\tau)d\tau\end{aligned} \tag{4.2}$$

となる.ここで$g(t)$は入力信号$u(t)$に関係しない制御系あるいは要素の特性を表す固有のものであり,$g(t)$は荷重関数と呼ばれる.

入力信号をデルタ関数とすると,デルタ関数の性質によって,

$$c(t) = g(t) \tag{4.3}$$

が得られる.すなわち,単位インパルスを入力とするとその出力が制御系の伝達特性をそのまま表現することになる.この$c(t)$を**インパルス応答**(impulse response)という.したがって,制御系のインパルス応答を知れば任意の入力信号に対する出力の時間応答は式(4.2)によって決定できる.このようにインパルス応答は制御系を特徴づける上で重要であり,しかも数学的な取り扱いが容易である.

[**例題4.1**] 例題3.1に示した一次遅れ要素$G(s) = 1/(1+Ts)$のインパルス応答を求めよ.

(**解答**) 式(4.3)よりインパルス応答$c(t)$は伝達関数$G(s)$の逆ラプラス変換$g(t)$であるから

$$c(t) = g(t) = \mathcal{L}^{-1}\left[\frac{1}{1+Ts}\right] = \frac{1}{T}e^{-\frac{t}{T}}$$

となる.この応答波形は$t=0$で$1/T$であり,$t\to\infty$では$c(t)=0$に漸近し,$t=T$では

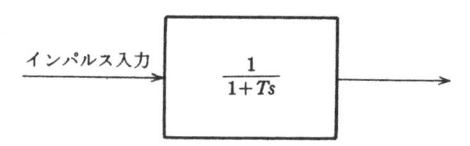

図4.2 (a) 一次遅れ要素のインパルス応答

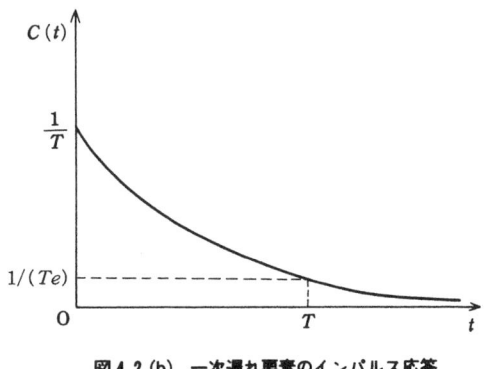

図 4.2 (b)　一次遅れ要素のインパルス応答

$1/(Te)$ である．これを図示すれば図 4.2 (b) のようになる．

任意の入力 $u(t)$ に対する出力の時間応答式 (4.2) はラプラス変換法を使って導かれたが，時間領域でこれを導出してみよう．いまインパルス応答 $g(t)$ の系に入力 $u(t)$ が加わるとする．図 4.3 のように入力信号 $u(t)$ を時間幅 $\Delta\tau$ が十分小さなパルス波形で表せば，最初のパルス波入力による出力値は，$t=0$ 時刻に印加する大きさ $u(0)\Delta\tau$ のインパルス入力の出力と考えることができて，

$$g(t)u(0)\Delta\tau$$

となる．次に2番目のパルス波入力による出力は，$\Delta\tau$ 時刻後に大きさ $u(\Delta\tau)\Delta\tau$ のインパルス入力が印加された出力であるから，

$$g(t-\Delta\tau)u(\Delta\tau)\Delta\tau$$

で表せる．一般に $k+1$ 番目のインパルス入力による出力は，

$$g(t-k\Delta\tau)u(k\Delta\tau)\Delta\tau$$

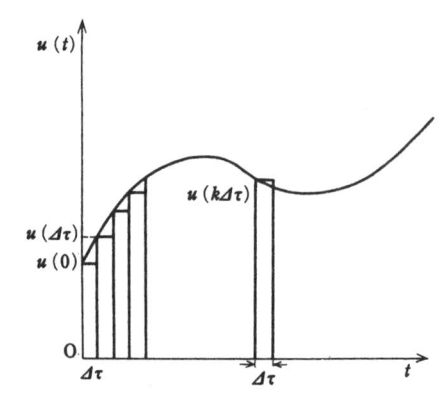

図 4.3　入力のパルス波形近似

であるから，線形系の重ね合わせの理によって入力 $u(t)$ に対する出力は，

$$\sum_{k=0}^{n} g(t-k\Delta\tau)u(k\Delta\tau)\Delta\tau \tag{4.4}$$

となる．ここで$\Delta\tau\to 0$の極限をとれば，

$$c(t) = \lim_{\Delta\tau \to 0} \sum_{k=0}^{n} g(t-k\Delta\tau)u(k\Delta\tau)\Delta\tau$$

$$= \int_0^t g(t-\tau)u(\tau)d\tau \tag{4.5}$$

となり，これは式(4.2)に一致する．

インパルス応答は数学的解析において便利であるが，実際に正確なインパルス入力を発生することは難しい．

4.2 ステップ応答

インパルス入力に代わり，試験入力信号として単位ステップ入力を制御系に加えたときの応答を**ステップ応答**(step response)，あるいは**インディシャル応答**(indicial response)という．インパルス入力に比べステップ入力は作り易いので制御系の過渡特性を知るための試験信号としてよく用いられる．

単位ステップ入力と出力$C(s)$および伝達関数$G(s)$との間には，

$$C(s) = G(s) \cdot \frac{1}{s} \tag{4.6}$$

が成り立つから，

$$G(s) = s \cdot C(s) \tag{4.7}$$

とできる．つまり$s \cdot C(s)$が伝達関数に一致する．いま入力$u(t)$がシステムに加えられると，そのときの出力$y(t)$のラプラス変換$Y(s)$は$G(s)$の代わりに$s \cdot C(s)$を使って，

$$Y(s) = G(s)U(s) = s \cdot C(s)U(s) \tag{4.8}$$

と書ける．$C(s)U(s)$は合成積のラプラス変換より，

$$C(s)U(s) = \mathscr{L}\left[\int_0^t c(t-\tau)u(\tau)d\tau\right]$$

であるからこれを式(4.8)に代入して，

$$Y(s) = s \cdot \mathcal{L}\left[\int_0^t c(t-\tau)u(\tau)d\tau\right] \tag{4.9}$$

を得る．ここで微分値のラプラス変換の性質を用いると，

$$\mathcal{L}\left[\frac{d}{dt}\int_0^t c(t-\tau)u(\tau)d\tau\right] = s\mathcal{L}\left[\int_0^t c(t-\tau)u(\tau)d\tau\right]$$

であるから式 (4.9) の逆ラプラス変換は，

$$y(t) = \frac{d}{dt}\int_0^t c(t-\tau)u(\tau)d\tau$$

$$= \int_0^t \dot{c}(t-\tau)u(\tau)d\tau + c(0)u(t) \tag{4.10}$$

である．上式はステップ応答 $c(t)$ を知れば，任意の入力 $u(t)$ に対する出力応答が算出できることを示している．また $c(0)=0$ のときには式 (4.2) 式 (4.10) を比較すると，

$$\dot{c}(t) = g(t) \tag{4.11}$$

の関係があることが分かる．すなわち，インディシャル応答の微分がインパルス応答であるというステップ関数とインパルス関数の関係に対応する関係が得られる．

［例題 4.2］ ある制御系に単位ステップ入力を加えたときその出力の応答波形として，

$$c(t) = 1 - \cos t$$

を得た．この制御系の伝達関数を求めよ．

（解答） 伝達関数とステップ応答との間に式 (4.7) の関係が成立しているから，

$$C(s) = \mathcal{L}[c(t)] = \mathcal{L}[1 - \cos t]$$

を求めれば $G(s) = sC(s)$ により伝達関数を得る．

$$\mathcal{L}[1 - \cos t] = \frac{1}{s} - \frac{s}{s^2+1} = \frac{1}{s(s^2+1)}$$

であるから，制御系の伝達関数 $G(s)$ は

$$G(s) = \frac{1}{s^2+1}$$

である．

以上説明したようにステップ応答は解析的にも極めて有用であり，制御系の過渡特性を表すのによく使われる．そこで基本的な一次遅れ系，二次遅れ系の制御系のステップ応答について述べることにする．

4.3　一次遅れ系のステップ応答

一次遅れ系あるいは一次遅れ要素の伝達関数は一般に，

$$G(s) = \frac{K}{Ts+1} \tag{4.12}$$

の形で与えられた．この系の単位ステップ応答 $c(t)$ は，

$$\begin{aligned}
c(t) &= \mathcal{L}^{-1}\left[G(s)\cdot\frac{1}{s}\right] \\
&= \mathcal{L}^{-1}\left[\frac{K}{Ts+1}\cdot\frac{1}{s}\right] = \mathcal{L}^{-1}\left[K\left(\frac{1}{s}-\frac{1}{s+1/T}\right)\right] \\
&= K(1-e^{-\frac{t}{T}})
\end{aligned} \tag{4.13}$$

のように得られる．出力応答は初期時刻 $t=0$ で，

$$c(t)|_{t=0} = 0$$

となり，十分時間が経過した後の**定常状態**（steady state）での値は，

$$c(t)|_{t\to\infty} = K$$

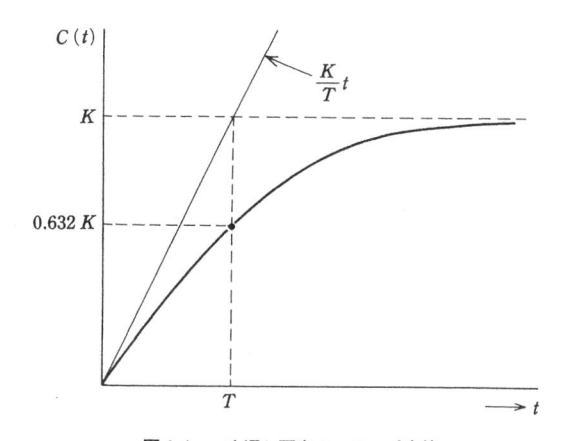

図 4.4　一次遅れ要素のステップ応答

であるから，時間の経過に伴う出力変化の様子は図4.4のようになる．

時刻 $t=0$ における出力の接線の勾配は，

$$\left.\frac{dc(t)}{dt}\right|_{t=0}=\frac{K}{T}$$

のように求まり，この接線と定常値 K との交点の時刻 t は，

$$\frac{K}{T}t=K$$

より $t=T$ であることが分かる．この T のことを**時定数** (time constant) と呼ぶ．時定数は定常値に近づく速さを示し一次遅れ要素の過渡特性を表す1つの目安である．$t=T$ を式 (4.13) に代入すると，

$$c(T)=K\left(1-\frac{1}{e}\right)\fallingdotseq 0.632\,K$$

となるので，定常値の 63.2% に到達するまでに要する時間を時定数と定義することもできる．

$T=1, 2, 3\,\mathrm{sec}$ とした場合の過渡応答の様子を図4.5に示す．T が大きくな

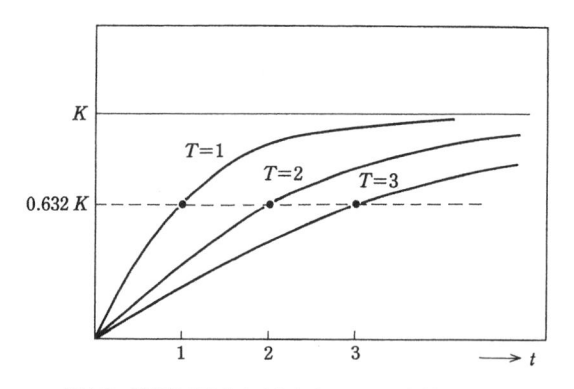

図4.5 時定数を変化させたときのステップ応答の変化

るにつれて過渡状態が長くなり，T が小さいと定常値に速く近づく様子がわかる．

[**例題4.3**] 図4.6の RC 回路で，$t=0$ でスイッチを閉じたとき出力電圧 $e_o(t)$ はど

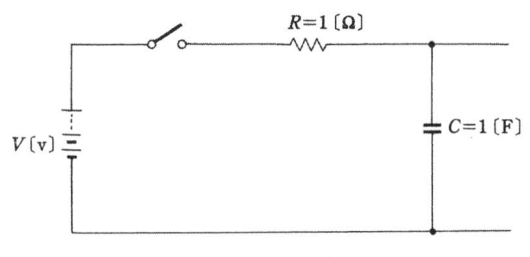

図4.6　RC回路

のように変化するか．ただし $e_o(0)=0$ [V] であり，入力電圧 $e_i=V$ [V] で，$R=1$ [Ω]，$C=1$ [F] である．また $R=2$ [Ω]，3 [Ω] としたとき $e_o(t)$ はどのように変わるか．

（解答）　スイッチを閉じたとき，大きさ V のステップ入力が印加されたことになるので，例題3.1の RC 回路の伝達関数を考慮に入れると，出力電圧 $e_o(t)$ は，

$$e_o(t) = \mathscr{L}^{-1}\left[\frac{1}{1+RCs}\cdot\frac{V}{s}\right]$$

$$= V\mathscr{L}^{-1}\left[\frac{1}{s}-\frac{1}{1/(RC)+s}\right]$$

$$= V(1-e^{-t/(RC)})$$

のように求まる．ここで $R=1$，$C=1$ とすると，

$$e_o(t) = V(1-e^{-t})$$

である．また $R=2$，$R=3$ の場合にはそれぞれ，

$$e_o(t) = V(1-e^{-\frac{1}{2}t})$$

$$e_o(t) = V(1-e^{-\frac{1}{3}t})$$

となる．これを図示すると図4.7のような応答波形となり，R を増加させることによっ

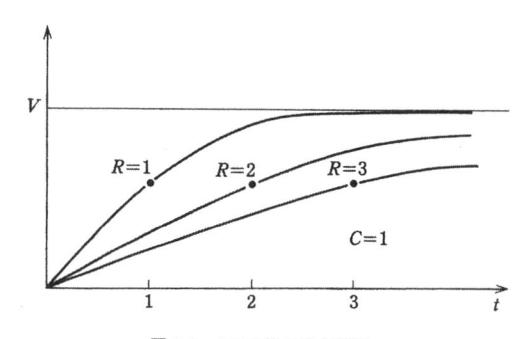

図4.7　RC回路の出力電圧

て時定数が大きくなり応答が遅くなる．つまり抵抗値を大きくすると出力電圧が入力電圧に近づくのが遅くなることが分かる．

4.4 二次遅れ系のステップ応答

二次遅れ系あるいは要素が次のような標準形の伝達関数，

$$G(s)=\frac{\omega_n{}^2}{s^2+2\zeta\omega_n s+\omega_n{}^2} \tag{4.14}$$

で表されることは3.2節で述べた．ここではこの二次遅れ系の標準形のステップ応答について説明する．

伝達関数が式(4.14)で表される系に単位ステップ入力が加えられると，その出力の時間応答 $c(t)$ は

$$c(t)=\mathcal{L}^{-1}\left[\frac{\omega_n{}^2}{s^2+2\zeta\omega_n s+\omega_n{}^2}\cdot\frac{1}{s}\right] \tag{4.15}$$

で求められる．ただし初期状態は平衡状態にあるものとする．式(4.15)の逆ラプラス変換を実施するため，

$$s^2+2\zeta\omega_n s+\omega_n{}^2=0 \tag{4.16}$$

の根を p_1, p_2 とする．このとき ζ の値によって p_1, p_2 は次のように場合分けすることができる．

a) $\zeta>1$　　p_1, p_2 は相異なる2実根
b) $0<\zeta<1$　　p_1, p_2 は共役複素根
c) $\zeta=1$　　$p_1=p_2$ は重根

まず $\zeta\neq 1$ の場合のステップ応答を求めてみよう．この場合 p_1, p_2 は重根でないから2.4節(a)で扱ったように $C(s)$ の部分々数展開によって

$$\begin{aligned}C(s)&=\frac{\omega_n{}^2}{s^2+2\zeta\omega_n s+\omega_n{}^2}\cdot\frac{1}{s}=\frac{\omega_n{}^2}{s(s-p_1)(s-p_2)}\\&=\frac{k_1}{s}+\frac{k_2}{s-p_1}+\frac{k_3}{s-p_2}\end{aligned} \tag{4.17}$$

を得る．ただし

$$k_1 = 1$$

$$k_2 = \frac{\omega_n^2}{p_1(p_1 - p_2)}$$

$$k_3 = \frac{\omega_n^2}{p_2(p_2 - p_1)}$$

である．これより時間応答 $c(t)$ は

$$c(t) = \mathcal{L}^{-1}[C(s)]$$
$$= 1 + k_2 e^{p_1 t} + k_3 e^{p_2 t} \tag{4.18}$$

のように得られる．

さらに式(4.18)を，a) $\zeta > 1$ の場合と，b) $0 < \zeta < 1$ の場合について詳しく調べてみよう．

a) $\zeta > 1$ の場合

$$p_1 = -\zeta\omega_n + \omega_n\sqrt{\zeta^2 - 1}$$
$$p_2 = -\zeta\omega_n - \omega_n\sqrt{\zeta^2 - 1}$$

であるから，

$$k_2 = \frac{\omega_n^2}{(p_1 - p_2)p_1} = \frac{p_2}{p_1 - p_2} = -\frac{\zeta + \sqrt{\zeta^2 - 1}}{2\sqrt{\zeta^2 - 1}}$$

$$k_3 = \frac{\omega_n^2}{(p_2 - p_1)p_2} = \frac{p_1}{p_2 - p_1} = \frac{\zeta - \sqrt{\zeta^2 - 1}}{2\sqrt{\zeta^2 - 1}}$$

であり，これを式(4.18)に代入して整理すると，

$$c(t) = 1 - \frac{e^{-\zeta\omega_n t}}{2\sqrt{\zeta^2 - 1}}\{(\zeta + \sqrt{\zeta^2 - 1})e^{\omega_n\sqrt{\zeta^2 - 1}\,t} - (\zeta - \sqrt{\zeta^2 - 1})e^{-\omega_n\sqrt{\zeta^2 - 1}\,t}\}$$

$$\tag{4.19}$$

が得られる．

b) $0 < \zeta < 1$ の場合

$$p_1 = -\zeta\omega_n + j\omega_n\sqrt{1 - \zeta^2}$$
$$p_2 = -\zeta\omega_n - j\omega_n\sqrt{1 - \zeta^2}$$

となるから，$\zeta > 1$ の場合と同様にして，

$$k_1 = 1$$

$$k_2 = -\frac{1}{2j} \cdot \frac{\zeta + j\sqrt{1-\zeta^2}}{\sqrt{1-\zeta^2}}$$

$$k_3 = \frac{1}{2j} \cdot \frac{\zeta - j\sqrt{1-\zeta^2}}{\sqrt{1-\zeta^2}}$$

を得る．これを式 (4.18) に代入して整理すれば，

$$c(t) = 1 - \frac{e^{-\zeta\omega_n t}}{\sqrt{1-\zeta^2}} \sin\left(\sqrt{1-\zeta^2}\,\omega_n t + \tan^{-1}\frac{\sqrt{1-\zeta^2}}{\zeta}\right) \quad (4.20)$$

となる．

c) $\zeta = 1$ の場合

この場合，$p_1 = p_2 = -\omega_n$ で重根となるから部分分数展開は 2.4 節 b) で扱ったように，

$$C(s) = \frac{k_1}{s} + \frac{k_{21}}{(s-p_1)^2} + \frac{k_{22}}{(s-p_1)} \quad (4.21)$$

と展開でき，係数 k_1, k_{21}, k_{22} は $k_1 = 1$, $k_{21} = -\omega_n$, $k_{22} = -1$ となる．式 (4.21) の逆ラプラス変換によって

$$c(t) = 1 - e^{-\omega_n t}(1 + \omega_n t) \quad (4.22)$$

が導かれる．

種々な ζ の値に対するステップ応答波形を図 4.8 に示した．ここで横軸は $\omega_n t$ としている．この応答波形から ζ の値がどのように影響しているかが分かる．

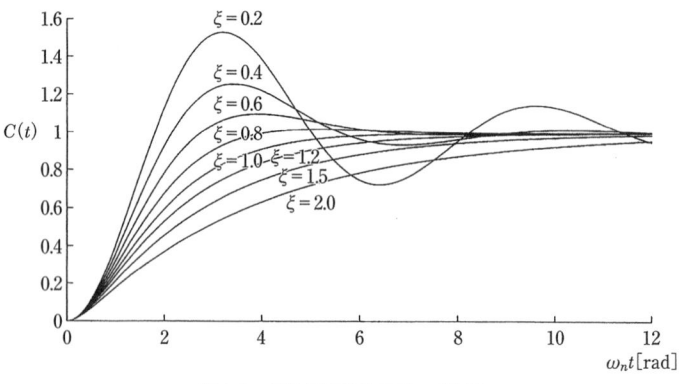

図 4.8 二次標準形のステップ応答

$\zeta>1$ の範囲では，式 (4.19) からも分かるように出力波形は定常値に単調に近づいており，立上りも緩やかである．この状態を**過制動**（over damping）という．

$\zeta=1$ では振動現象が生じない限界であり，ζ がこれ以下となると出力波形が振動的になるので，$\zeta=1$ のときを**臨界制動**（critical damping）という．

$0<\zeta<1$ の範囲では出力波形は振動しながら定常値に近づく．ζ の値が小さい程振動的になり立上りは早いが定常値に落ちつくのに長い時間を必要とする．この状態を**不足制動**（under damping）という．

このように減衰係数 ζ は過渡応答の減衰の度合に関係しており，もう1つのパラメータ ω_n は図 4.8 の横軸が $\omega_n t$ であるから ω_n が大きくなると t は小さな値で同じ出力値を与える．すなわち，$\omega_n t$ を一定とすると ω_n が2倍になれば t は半分の時間となるから，出力値がその値に達するのに半分の時間でよいことによる．このことから固有周波数 ω_n は応答の速さの尺度を与えていることが分かる．

[例題 4.4] 図 4.9 の RLC 回路でスイッチを閉じたとき出力電圧はどのような時間応答となるか，ただし初期条件は零とする．また L, C を各々 1[H], 1[F] と固定したとき，R をいくらにすれば出力電圧に振動現象が現れなくなるか．

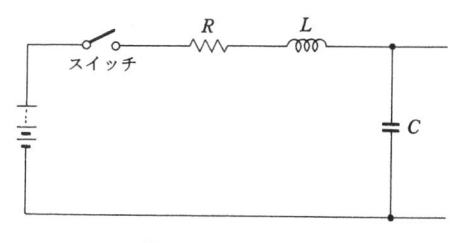

図 4.9 RLC 回路

（**解答**）3.2 節の d) の例に示したように，この回路の伝達関数 $G(s)$ は，

$$G(s)=\frac{1}{LCs^2+RCs+1}$$

となる．スイッチを閉じたとき大きさ V のステップ入力が入ると考えることができる．伝達関数を標準形に対応させると，

$$G(s)=\frac{(1/\sqrt{LC})^2}{s^2+2\cdot\frac{RC}{2\sqrt{LC}}\cdot\frac{1}{\sqrt{LC}}s+\left(\frac{1}{\sqrt{LC}}\right)^2}$$

のように変形できるから，

に対応する．$L=1$, $C=1$, $R=1$ では $\zeta=0.5$, $\omega_n=1$ となる．従って，応答波形は図4.8の出力波形の $\zeta=0.5$ で横軸を t とした波形になる．

また，$L=1$, $C=1$ としたとき臨界制動 $\zeta=1$ となる R は，

$$\frac{RC}{2\sqrt{LC}}=1$$

より求められるから，$R\geqq 2$ すなわち 2Ω より大きい抵抗値とすれば出力電圧は振動しない．

4.5 その他の過渡応答

a) 高次系のステップ応答

制御系の伝達関数 $G(s)$ は一般に高次の有理関数となるので高次の有理関数システムのステップ応答について説明しておく．出力 $c(t)$ は $c(t)=\mathcal{L}^{-1}[G(s)/s]$ で得られるから $G(s)/s$ を2.4節の手順で部分分数展開すれば，

$$\frac{G(s)}{s}=\frac{k_0}{s}+\sum_{i=1}^{l}\frac{k_i}{(s-p_i)}+\sum_{r=1}^{m}\frac{k_r}{(s-(a_r+jb_r))}+\sum_{r=1}^{m}\frac{k_r}{(s-(a_r-jb_r))} \tag{4.23}$$

のようになる．したがって各々の項の逆ラプラス変換より時間応答

$$c(t)=k_0+\sum_{i=1}^{l}k_i e^{p_i t}+\sum_{r=1}^{m}k_r e^{(a_r+jb_r)t}+\sum_{r=1}^{m}k_r e^{(a_r-jb_r)t} \tag{4.24}$$

が求められる．ただし式 (4.24) の表現は $G(s)$ に重複極がない場合のものであって，$l+2m$ が $G(s)$ の極の数である．

式 (4.24) において，p_i, $a_r<0$ であって a_1 が他の $a_r(r\neq 1)$ や p_i に比較して絶対値が十分小さいならば，$e^{(a_r\pm jb_r)t}(r\neq 1)$ の項は $e^{(a_1\pm jb_1)t}$ の項に比べ速く減少し $c(t)$ は $e^{(a_1\pm jb_1)t}$ の項の影響を最も強く受けることになる．この $a_1\pm jb_1$ のように応答を最も支配する特性根のことを**代表特性根**（dominant pole）という．代表特性根が複素数の場合も考慮に入れると高次系のステップ応答も二次遅れ系のステップ応答で概略近似され，これによって応答を評価することができる．

b）定速度，定加速度入力に対する応答

入力信号としてステップ入力の他に一定速度入力

$$u(t) = at \tag{4.25}$$

や，一定加速度入力

$$u(t) = \frac{a}{2}t^2 \tag{4.26}$$

を用いる場合がある．式 (4.25) で表される定加速度入力はランプ入力 (ramp input) とも呼ばれる．ランプ入力に対する過渡応答は，

$$\mathcal{L}[u(t)] = \mathcal{L}[at] = \frac{a}{s^2}$$

であるから，

$$c(t) = \mathcal{L}^{-1}\left[G(s) \cdot \frac{a}{s^2}\right] \tag{4.27}$$

によって求めることができる．一例として $a=1$ の場合の一次遅れ要素の応答を求めてみよう．

$$\begin{aligned}c(t) &= \mathcal{L}^{-1}\left[\frac{1}{s^2} \cdot \frac{1}{Ts+1}\right] \\ &= t - T(1 - e^{-\frac{t}{T}}) \end{aligned} \tag{4.28}$$

であるから，時間応答の様子は図 4.10 のようになる．この場合時間が十分経過した後にも出力値と目標値 t の間に誤差を生じ $c(t)$ は t に一致しない．この誤差については後の章で詳しく述べる．

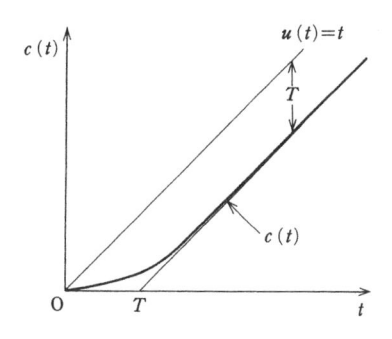

図 4.10　一次遅れ要素のランプ入力に対する応答

演習問題

4.1 ある要素にインパルス信号を入力したとき,図4.11の出力応答波形を得た.この要素の伝達関数および単位ステップ応答を求めよ.

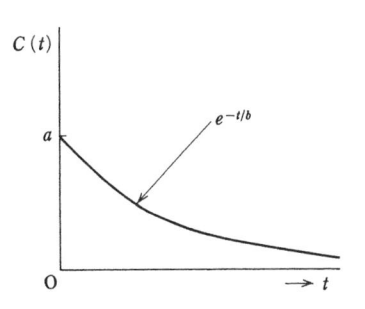

図4.11 問題4.1のインパルス応答波形

4.2 ある要素の単位ステップ応答が

$$c(t) = t - \sin t$$

であった.この要素の伝達関数を求めよ.

4.3 3章の一次遅れ要素となる液面系の例において,水槽の断面積 $0.25\,\mathrm{m}^2$,流入量 $1000\,\mathrm{cm}^3/\mathrm{sec}$ のとき水位が $50\,\mathrm{cm}$ で平衡状態にあった.このとき流入量が $10\,\mathrm{cm}^3/\mathrm{sec}$ だけステップ状に増加したときの水位の変化はどのようになるか.(ヒント.平衡状態では流入量=流出量=$1000\,\mathrm{cm}^3/\mathrm{sec}$ である.)

4.4 図4.12のブロック線図の制御系で $G(s)$ が次の場合の単位ステップ応答を求めよ.
  (1) $G(s) = (s+12)/s(s+6)$
  (2) $G(s) = 1/s(s+1)$

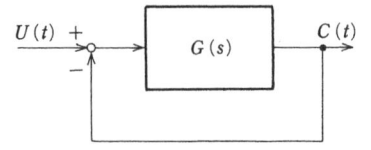

図4.12 問題4.4のブロック線図

4.5 図4.13の回路でスイッチを閉じたとき出力電圧はどのように変化するか.

4.6 図4.14の力学系において,ステップ入力に対して振動しながら減衰するには c, m, k にどのような関係が成立しなければならないか.

図 4.13　問題 4.5 の RC 回路

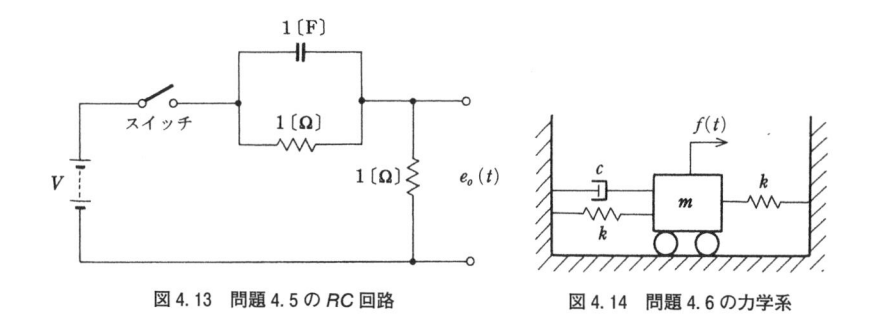

図 4.14　問題 4.6 の力学系

4.7 次の 2 つの伝達要素のステップ応答を求め，両者の応答波形を比較しなさい．
$$G_1(s) = 1/(s^2+s+2)$$
$$G_2(s) = 20/(s^2+s+2)(s+20)$$

5 周波数応答法

　この章では，制御系のもう1つの特性，周波数特性について説明する．周波数特性は正弦波あるいは余弦波入力を試験信号とした場合，十分時間が経過したあとの出力値の振幅比と位相のずれによって制御系の特性を表現したものであり，制御系の解析，設計のための重要な性質である．

　前章では，制御系の特性をインパルス入力やステップ入力を試験信号として出力の時間経過による応答によってとらえた．ここでは種々の周波数の正弦波信号を試験信号としたとき定常状態での出力信号の振幅比や位相のずれによって制御系の特性をとらえる．このためまず周波数応答と伝達関数のかかわりを説明する．また周波数特性を図式表現する方法としてベクトル軌跡，ボード線図を中心に示し，それぞれの特徴について説明を加える．周波数領域における解析は周波数特性が比較的容易に得られ，また入力関数を実際的立場から容易に発生できるので制御系の解析，設計の有力な手法である．

5.1　伝達関数と周波数特性

　図5.1のようにばね，質点系に強制入力として正弦波入力が加えられると，十分時間が経過した状態では質点の動きは振幅，位相のずれは異なるが入力と同じ周波数の正弦波となることは良く知られている．このような現象にみられるように伝達関数 $G(s)$ の要素や制御系に正弦波関数 $u(t) = A \sin \omega t$ を入力すると，定常状態での出力は入力と同じ正弦波の信号となり，その振幅と位相のずれは伝達関数と入力信号の周波数 ω[rad/sec] によって決まる．これを説明

しよう．
$$\mathcal{L}^{-1}[G(s)]=g(t)$$
とすると，入力 $u(t)$ に対し出力 $x(t)$ は
$$x(t)=\int_{t_0}^{t}g(t-\tau)u(\tau)d\tau \quad (5.1)$$
であった．十分時間が経過した後の $x(t)$ を $x_s(t)$ とおく．$x_s(t)$ は，式 (5.1) で入力が加わる時刻を移動させることによって，

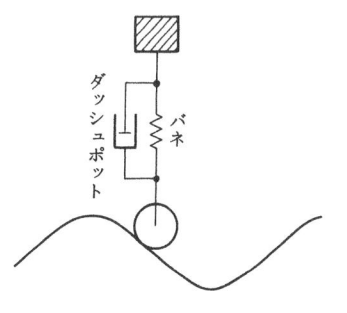

図 5.1 変位強制力の働く力学系

$$x_s(t)=\int_{-\infty}^{t}g(t-\tau)u(\tau)d\tau$$

と考えることができる．ここで $t-\tau=\sigma$ と変数変換すれば定常状態での出力は

$$x_s(t)=\int_{0}^{\infty}g(\sigma)u(t-\sigma)d\sigma$$

と表せる．入力 $u(t)$ を $A(\cos\omega t+j\sin\omega t)$ と考え $Ae^{j\omega t}$ とすると，

$$x_s(t)=\int_{0}^{\infty}g(\sigma)Ae^{j\omega(t-\sigma)}d\sigma$$

$$=Ae^{j\omega t}\int_{0}^{\infty}g(\sigma)e^{-j\omega\sigma}d\sigma \quad (5.2)$$

となる．上式で，

$$G(j\omega)=\int_{0}^{\infty}g(\sigma)e^{-j\omega\sigma}d\sigma$$

は伝達関数 $G(s)$ において $s=j\omega$ とおいたものに他ならない．この $G(j\omega)$ のことを $G(s)$ と区別して**周波数伝達関数**(frequency transfer function) または**周波数応答関数**という．$G(j\omega)$ を使って出力の定常値は，

$$x_s(t)=Ae^{j\omega t}\cdot G(j\omega) \quad (5.3)$$

のように表される．

さて，$G(j\omega)$ は複素数であるから絶対値と偏角，

絶対値　$M=|G(j\omega)|$

偏　角　$\phi=\angle G(j\omega)$

を用いて，

$$G(j\omega) = Me^{j\phi} \tag{5.4}$$

と表せる．これを使って式(5.3)は，

$$\begin{aligned} x_s(t) &= MAe^{j(\omega t + \phi)} \\ &= MA\cos(\omega t + \phi) + jMA\sin(\omega t + \phi) \end{aligned} \tag{5.5}$$

となる．ここで入出力信号の実部と虚部を比較することによって，正弦波（余弦波）入力に対する出力応答は表5.1のように振幅が M 倍，位相が ϕ だけずれ，入力信号と出力信号の波形は図5.2のようになる．

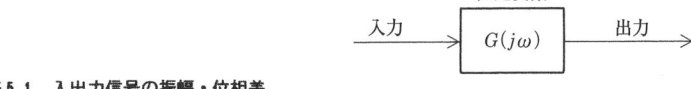

表5.1 入出力信号の振幅・位相差

	入力信号	出力信号
周波数	ω	ω
振幅	A	MA
位相差	0	ϕ

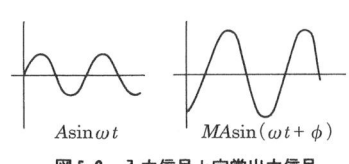

図5.2 入力信号と定常出力信号

この振幅比 M を**ゲイン**（gain），位相（phase）のずれ ϕ を**位相差**という．ゲインおよび位相差は伝達関数 $G(j\omega)$ 固有のもので，要素や制御系の**周波数特性**（frequency characteristic）を表すものである．周波数特性は伝達関数 $G(s)$ から計算することができるが，$G(s)$ が分からない場合にも種々の周波数の調和信号を試験入力として定常出力の振幅，位相を測定して比較的容易に得られる．

ゲインと位相差は周波数 ω の関数であったから，周波数 ω に対する伝達関数のゲインと位相差が分かり，入力の周波数 ω が与えられれば出力の定常値を知ることができる．そこで $G(j\omega)$ のゲイン，位相差と ω の関係をあらかじめ求めて周波数特性を図式化しておけば便利である．ゲイン M，位相差 ϕ と ω の関係を図示する方法には大別して，

1) ベクトル軌跡（Vector locus）
2) ボード線図（Bode diagram）

がある．これらの周波数特性を示す図式的表現法は後述するように制御系の安定解析や設計において極めて有用である．

5.2 ベクトル軌跡

周波数伝達関数 $G(j\omega)$ は複素数であるから，ある周波数 ω に対し，
$$G(j\omega)=\mathrm{Re}(\omega)+j\cdot\mathrm{Im}(\omega) \tag{5.6}$$
のように実数部と虚数部によって複素平面上に表示できる．これは丁度絶対値 $|G(j\omega)|$，偏角 $\angle G(j\omega)$

$$|G(j\omega)|=\sqrt{\mathrm{Re}^2(\omega)+\mathrm{Im}^2(\omega)}$$

$$\phi=\tan^{-1}\frac{\mathrm{Im}(\omega)}{\mathrm{Re}(\omega)}$$

のベクトルの先端を表す．ω を $\omega=0$ から ∞ まで変化させるとベクトルの先端は複素平面上に直線あるいは曲線を描く．これをベクトル軌跡という．ベクトル軌跡には ω の増大する方向に矢印を付し，必要に応じ ω の値を記入する．簡単な要素あるいは制御系のベクトル軌跡を例に挙げて詳しく説明する．

A．簡単な要素のベクトル軌跡

a）積分要素のベクトル軌跡

積分要素の伝達関数は $G(s)=K/s$ であったから周波数伝達関数 $G(j\omega)$ は，
$$G(j\omega)=K/j\omega=-jK/\omega \tag{5.7}$$
となる．これより，

$$|G(j\omega)|=\frac{K}{\omega}$$

$$\angle G(j\omega)=-90°（一定）$$

を得る．ω の値を 0 から ∞ の範囲で変化させると，

$$\lim_{\omega\to 0}|G(j\omega)|=\infty$$

$$\lim_{\omega\to\infty}|G(j\omega)|=0$$

であるから，ベクトル軌跡は図 5.3

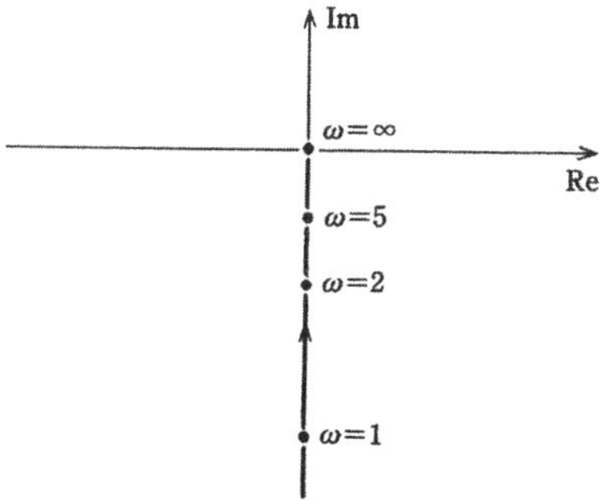

図5.3 積分要素のベクトル軌跡

のように始点を虚軸上の負の無限遠点，終点を原点とする軌跡となる．

この積分要素を例に，少し説明を補足しておく．$G(s)=K/s$ で $K=2$ の要素を考える．この積分要素に $\omega=1$ rad/sec，10 rad/sec の正弦波を入力したとき，定常出力の振幅，位相がどうなるかは

$$|G(j\omega)|_{\omega=1} \qquad \angle G(j\omega)|_{\omega=1}$$
$$|G(j\omega)|_{\omega=10} \qquad \angle G(j\omega)|_{\omega=10}$$

を各々求めればわかる．明らかに

$$|G(j\omega)|_{\omega=1} = 2 \qquad \angle G(j\omega)|_{\omega=1} = -\pi/2$$
$$|G(j\omega)|_{\omega=10} = 0.2 \qquad \angle G(j\omega)|_{\omega=10} = -\pi/2$$

であるから，$\sin t$ を入力したときの定常出力は $2\sin(t-\pi/2)$ であり，$\sin 10t$ を入力したときの定常出力は $0.2\sin(10t-\pi/2)$ となる．

b） 一次遅れ要素のベクトル軌跡

一次遅れ要素の周波数伝達関数は，

$$G(j\omega)=\frac{K}{1+j\cdot\omega T}=\frac{K}{1+\omega^2 T^2}-j\cdot\frac{K\cdot\omega T}{1+\omega^2 T^2} \tag{5.8}$$

となるから，ゲイン，位相差は，

$$|G(j\omega)|=\frac{K}{\sqrt{1+\omega^2 T^2}}$$

$$\angle G(j\omega)=-\tan^{-1}(\omega T)$$

である．$K=1$ の場合，$\omega T=0$ から ∞ に変化させれば，$G(j\omega)$ の実部と虚部あるいはゲイン，位相差は表5.2のように計算され，図5.4のようにベクトル軌跡を描くことができる．

一次遅れ要素は $X=\mathrm{Re}\,G(j\omega)$，$Y=\mathrm{Im}\,G(j\omega)$ とすると，

$$\left(X-\frac{K}{2}\right)^2+Y^2=\left(\frac{K}{2}\right)^2 \tag{5.9}$$

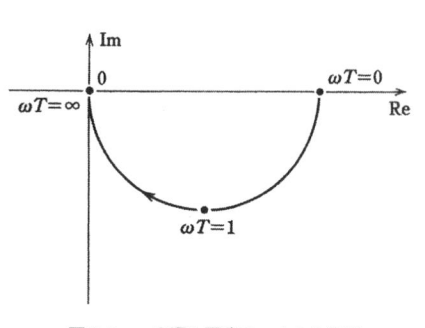

図5.4 一次遅れ要素のベクトル軌跡

表 5.2 $1/(1+jT\omega)$ の特性値

ωT	実数部 $G(\omega T)$	虚数部 $G(\omega T)$	$|1/(1+j\omega T)|$	$\angle 1/(1+j\omega T)$
0	1	0	1	0
0.1	0.990	-0.0990	0.995	-5.71
0.2	0.962	-0.192	0.918	-11.3
0.5	0.8	-0.4	0.894	-26.6
0.7	0.671	-0.470	0.819	-35.0
0.8	0.610	-0.488	0.781	-38.7
0.9	0.552	-0.497	0.743	-42.0
1	0.5	-0.5	0.707	-45
2	0.2	-0.4	0.447	-63.4
3	0.1	-0.3	0.316	-71.6
5	0.038	-0.192	0.196	-78.7
10	0.010	-0.0990	0.0995	-84.3

の関係が成立するので,ベクトル軌跡は中心 $(K/2, 0)$,半径 $K/2$ の円を表し,$\omega>0$ の範囲では式 (5.8) より $\text{Re}G(j\omega)>0$,$\text{Im}G(j\omega)<0$ であることから複素平面の第 4 象限の下半分の半円の軌跡である.

c) 二次遅れ要素

二次遅れ要素の標準形の周波数伝達関数は,

$$G(j\omega)=\frac{\omega_n^2}{(j\omega)^2+2\zeta\omega_n(j\omega)+\omega_n^2} \tag{5.10}$$

であるから,分母分子を ω_n^2 で割れば,

$$G(j\omega)=\frac{1}{\left(1-\dfrac{\omega^2}{\omega_n^2}\right)+j\cdot 2\zeta\dfrac{\omega}{\omega_n}}$$

となる.ここで $\omega/\omega_n=u$ とおく.この u を**周波数比**という.これによって $G(j\omega)$ は,

$$\begin{aligned}G(j\omega)&=\frac{1}{(1-u^2)+j\cdot 2\zeta u}\\&=\frac{1-u^2}{(1-u^2)^2+4\zeta^2 u^2}-j\cdot\frac{2\zeta u}{(1-u^2)^2+4\zeta^2 u^2}\end{aligned} \tag{5.11}$$

で表され，ゲインおよび位相差は

$$|G(j\omega)| = \frac{1}{\sqrt{(1-u^2)^2 + 4\zeta^2 u^2}} \tag{5.12}$$

$$\angle G(j\omega) = \tan^{-1}\frac{-2\zeta u}{1-u^2} \tag{5.13}$$

となる．種々な周波数比 u について式 (5.11)〜(5.13) を計算すれば表 5.3 のように $G(j\omega)$ の実数部，虚数部の値あるいはゲインと位相差の値が求められ，ベクトル軌跡を図 5.5 のように描くことができる．

このベクトル軌跡の概略の形は表 5.3 の詳細な計算の前に知ることができる．まず，ベクトル軌跡の始点 ($u=0$) では式 (5.11) あるいは式 (5.12)，(5.13) より，

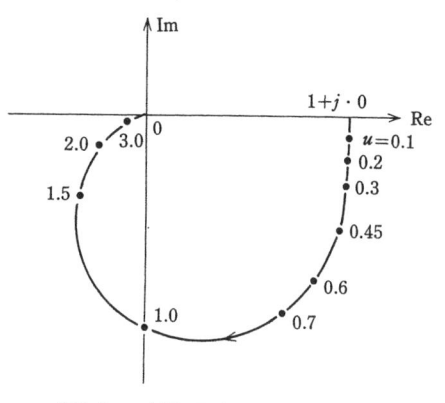

図 5.5 二次遅れ要素のベクトル軌跡 ($\zeta=0.5$)

$$\lim_{u \to 0}|G(j\omega)| = 1$$
$$\lim_{u \to 0}\angle G(j\omega) = 0$$

となることが容易に分かる．またベクトル軌跡の終点 ($u=\infty$) では，

$$\lim_{u \to \infty}|G(j\omega)| = 0$$
$$\lim_{u \to \infty}\angle G(j\omega) = -180°$$

となる．さらにベクトル軌跡は $u=1$ で虚軸と交わり，その周波数では，

$$|G(j\omega)|_{u=1} = \frac{1}{2\zeta}$$

である．また $u<1$ の範囲では第 4 象限を $u>1$ では第 3 象限を時計まわりに軌跡を描く．これらのことと表 5.3 のいくつかの u の値に対する値を知ればベクトル軌跡の概形を簡単にとらえることができる．

5.2 ベクトル軌跡

表 5.3 $\omega_n^2/(s^2+2\zeta\omega_n s+\omega_n^2)$ の特性値

$u(=\dfrac{\omega}{\omega_n})$	$\zeta=0.1$ 実数部	虚数部	ゲイン(数値)	位相(度)	$\zeta=0.25$ 実数部	虚数部	ゲイン(数値)	位相(度)	$\zeta=0.5$ 実数部	虚数部	ゲイン(数値)	位相(度)
0.1	1.01	−0.0204	1.010	−1.16	1.01	−0.0509	1.009	−2.89	1.00	−0.101	1.005	−5.77
0.2	1.04	−0.0433	1.041	−2.39	1.03	−0.107	1.036	−5.95	0.998	−0.208	1.020	−11.8
0.3	1.09	−0.0721	1.097	−3.77	1.07	−0.176	1.084	−9.36	0.991	−0.327	1.044	−18.2
0.45	1.24	−0.140	1.246	−6.44	1.16	−0.328	1.207	−15.8	0.951	−0.537	1.092	−29.4
0.6	1.51	−0.283	1.536	−10.6	1.28	−0.600	1.415	−25.1	0.832	−0.780	1.140	−43.2
0.7	1.82	−0.501	1.891	−15.4	1.33	−0.915	1.617	−34.5	0.680	−0.933	1.155	−53.9
1.0	0	−5	5.000	−90	0	−2	2.000	−90	0	−1	1.000	−90
1.5	−0.756	−0.182	0.778	−167	−0.588	−0.353	0.686	−149	−0.328	−0.393	0.512	−130
2.0	−0.328	−0.0437	0.330	−172	−0.3	−0.1	0.316	−162	−0.231	−0.154	0.277	−146
3.0	−0.124	−0.00932	0.123	−176	−0.121	−0.0226	0.123	−169	−0.110	−0.0411	0.117	−159

$u(=\dfrac{\omega}{\omega_n})$	$\zeta=0.707$ 実数部	虚数部	ゲイン(数値)	位相(度)	$\zeta=1$ 実数部	虚数部	ゲイン(数値)	位相(度)
0.1	0.990	−0.141	1.000	−8.13	0.970	−0.196	0.990	−11.4
0.2	0.958	−0.282	0.999	−16.4	0.888	−0.370	0.962	−22.6
0.3	0.903	−0.421	0.996	−25.0	0.766	−0.505	0.917	−33.4
0.45	0.766	−0.611	0.980	−38.6	0.552	−0.622	0.832	−48.5
0.6	0.567	−0.751	0.941	−53.0	0.346	−0.649	0.735	−61.9
0.7	0.411	−0.798	0.898	−62.7	0.230	−0.631	0.671	−70.0
1.0	0	−0.707	0.707	−90	−0.5	−0.5	0.500	−90
1.5	−0.206	−0.350	0.406	−121	−0.118	−0.284	0.308	−113
2.0	−0.176	−0.166	0.243	−137	−0.12	−0.16	0.200	−127
3.0	−0.0976	−0.0517	0.110	−152	−0.08	−0.06	0.100	−143

B. ベクトル軌跡の性質と特徴

ベクトル軌跡は計算機を用いれば容易に描けるが,ベクトル軌跡の概形を描く上で以下の性質を知っておくと便利である.

(1) 2つのベクトル軌跡の和 $G(j\omega)=G_1(j\omega)+G_2(j\omega)$ について,$G(j\omega)$ のベクトル軌跡は各々 $G_1(j\omega)$, $G_2(j\omega)$ のベクトル軌跡の対応する周波数 ω のベクトルの和として作図できる.

(2) 2つのベクトル軌跡の積 $G(j\omega)=G_1(j\omega)\cdot G_2(j\omega)$ について,

$$G(j\omega)=r(\omega)e^{j\theta(\omega)}$$
$$G_1(j\omega_1)=r_1(\omega)e^{j\theta_1(\omega)}$$
$$G_2(j\omega_2)=r_2(\omega)e^{j\theta_2(\omega)}$$

で表せるから,$G(j\omega)$ のベクトル軌跡は,

$$r(\omega)=r_1(\omega)\cdot r_2(\omega)$$
$$\theta(\omega)=\theta_1(\omega)+\theta_2(\omega)$$

で描ける.また2章で述べたベクトルの積の作図からも描くことができる.

(3) 伝達関数の一般形は,

$$G(s)=\frac{A(s^m+b_1 s^{m-1}+\cdots+b_m)}{s^l(s^n+a_1 s^{n-1}+\cdots+a_n)} \tag{5.14}$$

で記述されるから,ベクトル軌跡の始点,終点などは次のように容易に求められる.

i) ベクトル軌跡の始点

$l=0$ の場合 $G(j\omega)$ の $\omega=0$ での値は,

$$\lim_{\omega\to 0}G(j\omega)=\frac{Ab_m}{a_n} \tag{5.15}$$

であるから,$Ab_m/a_n>0$ ではゲイン $|Ab_m/a_n|$,位相差 0° の実軸上の点が始点となる.$l\neq 0$ の場合.$\lim_{\omega\to 0}|G(j\omega)|$ は $1/(j\omega)^l$ の項によって無限大となる.したがって複素平面の無限遠点が始点となる.位相差は同じく $1/(j\omega)^l$ の影響により,$Ab_m/a_n>0$ ならば

$$\lim_{\omega\to 0}\angle G(j\omega)=l\times(-90°) \tag{5.16}$$

のように求められる.

ii) ベクトル軌跡の終点

伝達関数 $G(s)$ は通常 $l+n>m$ が成り立つので，ゲインについては，

$$\lim_{\omega \to \infty} |G(j\omega)| = 0 \tag{5.17}$$

であって ($l+n=m$ の場合には実数である．)，位相差については ω が大きい領域では $j\omega$ の項の影響が大きいから $A>0$ であれば，

$$\lim_{\omega \to \infty} \angle G(j\omega) = (m-n-l) \times 90° \tag{5.18}$$

となる．以上のことから $l+n>m$ ではベクトル軌跡の終点近傍では $(m-n-l)\times 90°$ の軸に沿って原点に至ることが分かる．

iii) **実軸，虚軸との交点**

ベクトル軌跡が実軸あるいは虚軸と交わる点は，

$$\text{Im}\, G(j\omega) = 0$$
$$\text{Re}\, G(j\omega) = 0$$

とする ω を求め，これを $\text{Re}\, G(j\omega)$，$\text{Im}\, G(j\omega)$ にそれぞれ代入して得ることができる．

[例題 5.1] 次の伝達関数のシステムに $A\sin 0.3t$ の外力が加えられた．このときの定常出力のゲイン，位相差を求めよ．

$$G(s) = \frac{1}{s(s+1)(2s+1)}$$

また $G(s)$ のベクトル軌跡の概形を描け．

(**解答**) 周波数伝達関数は，

$$G(j\omega) = \frac{1}{j\omega(j\omega+1)(j\cdot 2\omega+1)}$$

$$= \frac{-3}{(1+\omega^2)(1+4\omega^2)} - j\frac{1-2\omega^2}{\omega(1+\omega^2)(1+4\omega^2)}$$

である．

まず $A\sin\omega t$ の外力に対する定常出力は，$\omega=0.3$ rad/sec であるから，

$$|G(j\omega)|_{\omega=0.3} = 2.74$$
$$\angle G(j\omega)_{\omega=0.3} = -138°$$

のように計算され，$2.74\,A\sin(0.3t-(138/180)\pi)$ となる．

ベクトル軌跡は適当な ω の値を代入して $G(j\omega)$ の値をプロットして得られるが，前述の性質を利用して概形を求めよう．

i）ベクトル軌跡の始点は，式 (5.16) で $l=1$ の場合であるから $-90°$ 方向の無限遠点であり，この場合，

$$\lim_{\omega \to 0}\mathrm{Re}(G(j\omega))=-3$$

の漸近線をもつ．

ii）ベクトル軌跡の終点は原点であり，式 (5.18) の m, l, n は各々 $m=0, l=1, n=2$ であるから，

$$90°\times(-3)=-270°$$

の軸に沿って原点に向う．

iii）実軸，虚軸との交点は実軸との交点が存在し，

$$\mathrm{Im}\,G(j\omega)=\frac{2\omega^2-1}{\omega(1+\omega^2)(1+4\omega^2)}=0$$

より $\omega=1/\sqrt{2}$ を得る．この ω を $G(j\omega)$ の実部に代入して，

$$\left.\frac{-3}{(\omega^2+1)(1+4\omega^2)}\right|_{\omega=1/\sqrt{2}}=-\frac{2}{3}$$

を得る．

これらを考慮して，ベクトル軌跡の概略の形を図 5.6 のように描くことができる．またこのベクトル軌跡からも前半の問の答えを読みとることができる．

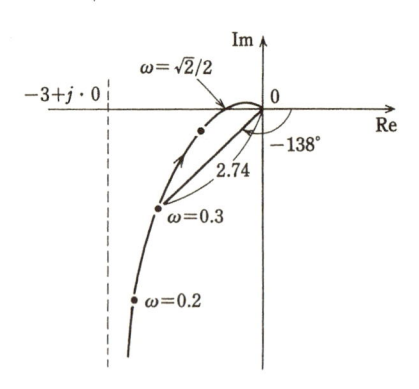

図 5.6　$1/s(s+1)(2s+1)$ のベクトル軌跡

ベクトルの軌跡は，

（1）周波数の変動とともにゲイン，位相差がどのように変化するかを知

(2) 制御系の安定判別に利用できる．

しかしながら，

(3) ゲインが急変する周波数範囲では正確な値はつかみにくい．

(4) 記述できる周波数領域が限定される．

などの特徴がある．利用する際にはこれらの特徴に適合した使い方をするのが望ましい．

5.3 逆ベクトル軌跡

ベクトル軌跡を描くよりも，$G(j\omega)$ の逆数 $1/G(j\omega)$ のベクトル軌跡を描く方が簡単な場合がしばしばある．この $1/G(j\omega)$ のベクトル軌跡を**逆ベクトル軌跡**(inverse vector locus)という．描き方はベクトル軌跡の場合と同様である．簡単な例を使ってこれを説明しよう．

[例題 5.2] 一次遅れ要素

$$G(s) = \frac{1}{Ts+1}$$

の逆ベクトル軌跡を描け．

(解答) 周波数伝達関数 $G(j\omega)$ の逆数は

$$\frac{1}{G(j\omega)} = 1 + j \cdot T\omega$$

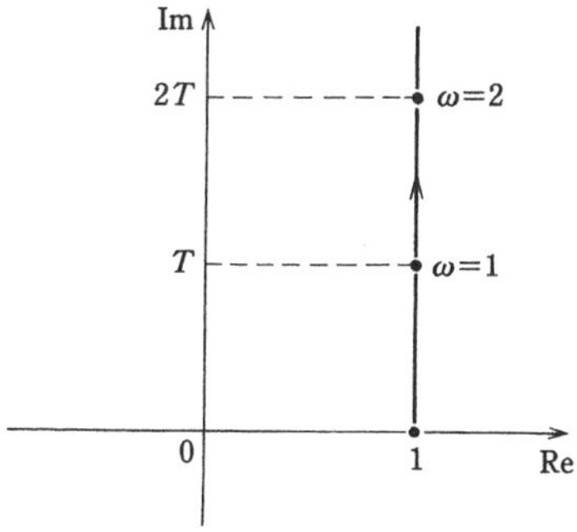

図 5.7 一次遅れ要素の逆ベクトル軌跡

となる．ベクトル軌跡と同様 $\omega=0$ から ∞ に変化させると，$(1,0)$ を始点として虚軸に並行な軌跡が図 5.7 のように描ける．

5.4 ボード線図

ボード線図は周波数 ω に対するゲインの変化を示すゲイン曲線と ω に対する位相差を示す位相曲線の2つの曲線で表される．ゲイン曲線は横軸に周波数を対数目盛で表し，縦軸にゲイン $|G(j\omega)|$ をデシベル（db）値，

$$20 \log_{10}|G(j\omega)| \quad (\text{常用対数の基底10は以後省略する}) \quad (5.19)$$

で表す．これに対し位相曲線は横軸にゲイン曲線と同様周波数を表し縦軸は位相差 $\angle G(j\omega)$ を度の単位で表す．

周波数幅を示す単位としては次に定義されるデカード（decade）あるいはオクターブ（octave）が使われる．

$$1 \text{デカード (dc)} = \frac{\omega_2}{\omega_1} = 10 \quad (5.20)$$

$$1 \text{オクターブ (oct)} = \frac{\omega_2}{\omega_1} = 2 \quad (5.21)$$

これを図5.8に示した．

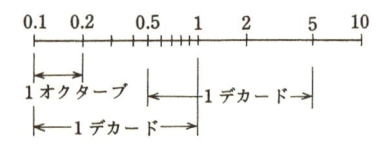

図5.8 オクターブとデカード

次に簡単な要素によってボード線図の実際の描き方を説明しておく．

A．簡単な要素のボード線図

a） 積分要素のボード線図

積分要素 $G(s)=1/s$ において周波数伝達関数は，

$$G(j\omega) = \frac{1}{j\omega}$$

であったから，ゲインのデシベル値および位相差は，

$$20\log|G(j\omega)|=20\log\frac{1}{\omega}=-20\log\omega \tag{5.22}$$

$$\angle G(j\omega)=-90° \tag{5.23}$$

となる.横軸に周波数 ω を対数目盛でとり,ω に対する式(5.22),(5.23)の値を縦軸に表示すると図5.9のように積分要素 $1/s$ のボード線図が描ける.ゲイン曲線の傾きは ω が1 dc 増加するごとに 20 db 減少するので,-20 db/dc である.

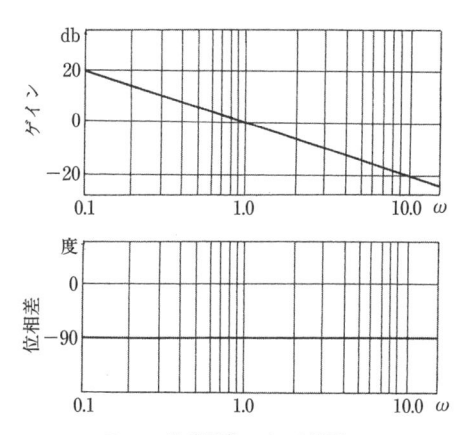

図5.9 積分要素のボード線図

ボード線図の描き方から,読み取りも容易である.$G(s)=\dfrac{1}{s}$ の要素に $\sin t$,$\sin 10t$ の入力を加えたとき,図5.9のボード線図から $\omega=1$ でゲインのデシベル値は 0db,$\omega=10$ では -20db,また位相差 $-90°$ が読み取れる.これより定常出力は各々 $\sin(t-\dfrac{\pi}{2})$,$0.1\sin(10t-\dfrac{\pi}{2})$ となることがわかる.

b) 一次遅れ要素のボード線図

一次遅れ要素,

$$G(s)=\frac{1}{1+Ts}$$

の周波数伝達関数は,

$$G(j\omega)=\frac{1}{1+\omega^2 T^2}-j\frac{\omega T}{1+\omega^2 T^2}$$

となるから,

$$20\log|G(j\omega)| = 20\log\frac{1}{\sqrt{1+\omega^2T^2}}$$
$$= -20\log\sqrt{1+\omega^2T^2} = -10\log(1+\omega^2T^2) \quad (5.24)$$
$$\angle G(j\omega) = \tan^{-1}(-\omega T) \quad (5.25)$$

のように計算される.ここで種々の ωT の値に対する式(5.24),(5.25)の値(表5.4)を縦軸にプロットすれば図5.10 のボード線図が得られる.

式(5.24),(5.25)の値を正確に計算することなしに,漸近線の近似によってゲイン曲線,位相曲線の概形を容易に描くことができる.これを説明する.

表5.4 一次遅れ要素のゲイン,位相差の計算値

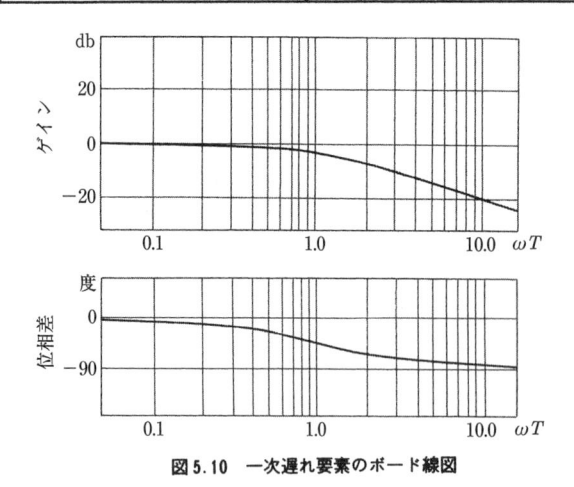

ωT	$-20\log\sqrt{1+\omega^2T^2}$	$\tan^{-1}(-\omega T)$	ωT	$-20\log\sqrt{1+\omega^2T^2}$	$\tan^{-1}(-\omega T)$
0	0	0	0.9	-2.58	-42.0
0.1	-0.04	-5.7	1	-3.01	-45
0.2	-0.17	-11.3	2	-6.99	-63.4
0.5	-0.97	-26.6	3	-10	-71.6
0.7	-1.73	-35.0	5	-14.1	-78.7
0.8	-2.15	-38.7	10	-20	-84.3

図5.10 一次遅れ要素のボード線図

ゲイン曲線の近似

ゲインのデシベル値は $-20\log\sqrt{1+\omega^2T^2}$ であったから,

$$\omega T \gg 1 \quad 20\log|G(j\omega)| \fallingdotseq -20\log\omega T$$

5.4 ボード線図

$$\omega T \ll 1 \quad 20\log|G(j\omega)| \fallingdotseq 0$$

が成立する．したがって ωT の大きい高周波域では $-20\log\omega T$ で近似でき，ωT が小さい低周波域では 0 db の直線で近似できる．図 5.11 に示すように 2 つの漸近線の交点は $\omega T=1$ であって，この点のことを**折点**（break point）といい，$\omega T=1$ となる周波数を**折点周波数**（break frequency）という．

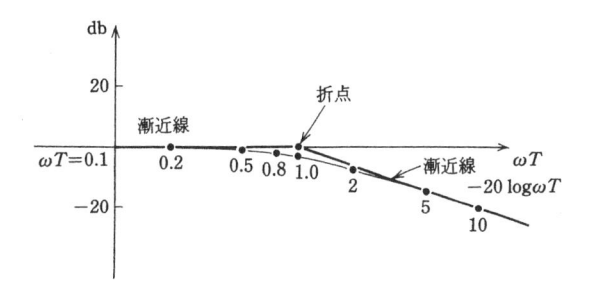

図 5.11　一次遅れ要素のゲイン曲線の折線近似

このような**近似折線**の値と式 (5.24) によって計算される正確なデシベル値との比較を表 5.5 に示した．

表 5.5　一次遅れ要素の近似誤差

ωT	$-20\log\sqrt{1+\omega^2 T^2}$	折線近似値(db)	誤差(db)
0	0	0	0
0.2	-0.170	0	0.17
0.5	-0.969	0	0.96
0.8	-2.150	0	2.15
1.0	-3.01	0	3.01
2.0	-6.99	-6.02	0.97
3.0	-10.0	-9.54	0.46
5.0	-14.1	-13.98	0.12

最大誤差は折点で約 3 db であり，一次遅れ要素のゲイン曲線はこの折線でよく近似することができる．より正確なゲイン曲線を必要とする場合には表 5.5 の誤差分を使って補正すればよい．

位相曲線の近似

式 (5.25) から，

$$\lim_{\omega T \to 0} -\tan^{-1}(\omega T) = 0°$$
$$\lim_{\omega T \to \infty} -\tan^{-1}(\omega T) = -90°$$

である.すなわち,低い周波数帯域では位相差は 0° であり,高い周波数帯域では位相差が $-90°$ である.また $\omega T = 1$ では,

$$-\tan^{-1}\omega T|_{\omega T=1} = -45°$$

であるから,$\omega T = 0.2$ から $\omega T = 5$ の範囲を $-45°$ で通る直線で近似する.このような 3 本の直線で近似した位相曲線は図 5.12 のようになる.このとき位相差の真値と近似値の最大誤差は約 11° である.

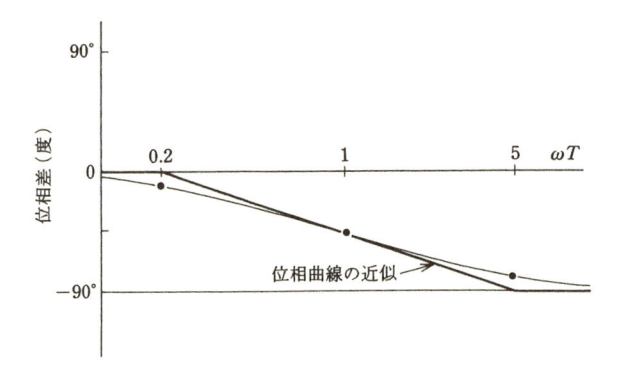

図 5.12 一次遅れ要素の位相曲線の折線近似

このように一次遅れ要素のボード線図は折線近似を用いて容易に描くことができる.

[例題 5.3] 一次遅れ要素 $G(s) = 1/(1+Ts)$ の時定数 T を 0.1, 1, 10 と変化した場合,ボード線図の横軸を ω の対数目盛とすればどのように変化するか.

(解答) ゲイン曲線の近似折線の折点は $\omega T = 1$ であったから,$T = 0.1$, 1, 10 のとき,横軸 ω とすると折点となる周波数 ω は,

$T = 0.1$
$T = 1.0$
$T = 10$

であるから,T が小さくなるにつれて左にずれる.$\omega T \gg 1$ の近似折線

$$20 \log|G(j\omega)| \fallingdotseq -20 \log \omega T \qquad \omega T \gg 1$$

は T が変化しても ω に対する勾配は $-20\,\mathrm{db/dc}$ であるから近似折線の形は不変である.

位相曲線についても同様に $\omega T=0.2,\,5$ となる ω は T が小さくなるにつれて右に移動するが曲線の形は図5.13に示すように不変である.

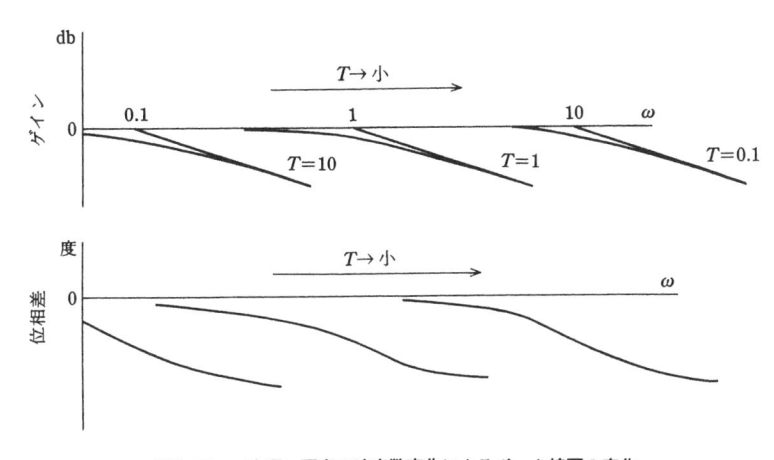

図5.13 一次遅れ要素の時定数変化によるボード線図の変化

c) 二次遅れ要素のボード線図

二次標準形

$$G(s)=\frac{\omega_n^2}{s^2+2\zeta\omega_n s+\omega_n^2}$$

のボード線図を説明する.ゲイン $|G(j\omega)|$,位相差 $\angle G(j\omega)$ は式 (5.12),(5.13) で得られるから,ゲインのデシベル値は,

$$20\log|G(j\omega)|=-20\log\sqrt{(1-u^2)^2+4\zeta^2 u^2} \tag{5.26}$$

である.ただし $u=\omega/\omega_n$ とおいた.式 (5.26) より,

$$\lim_{u\to 0}-20\log\sqrt{(1-u^2)^2+4\zeta^2 u^2}=0$$
$$\lim_{u\to\infty}-20\log\sqrt{(1-u^2)^2+4\zeta^2 u^2}=-40\log u$$

の漸近線が得られる.横軸に周波数比 ω/ω_n ととれば漸近線は低周波域では $0\,\mathrm{db}$ の直線であり,高周波域において $-40\,\mathrm{db/dc}$ の傾きの直線となる. ζ の値を変化させてゲイン曲線を描くと図5.14のようになる.

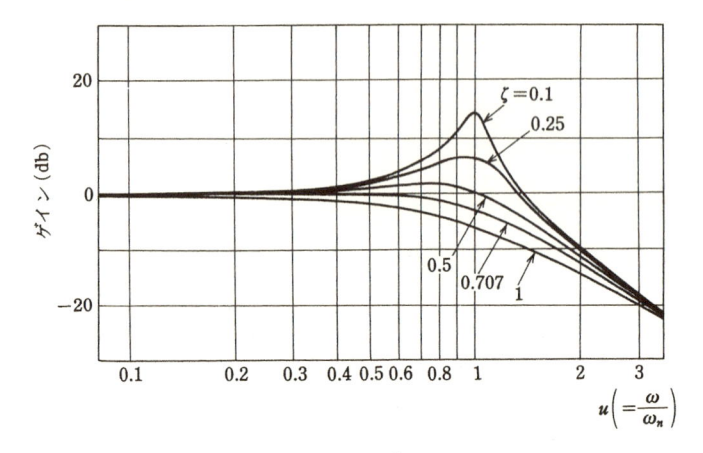

図 5.14 (a)　二次遅れ要素のゲイン曲線

式 (5.26) から,
$$\sqrt{(1-u^2)^2+4\zeta^2 u^2} > 1$$
の範囲でゲイン曲線は 0 db より大きくならないので,
$$u^4+2u^2(2\zeta^2-1) > 0$$
より, $\zeta > 1/\sqrt{2}$ の範囲では u の全域で 0 db を越えることはない. また $u=1(\omega=\omega_n)$ では,
$$20\log|G(j\omega)|_{\omega=\omega_n} = -20\log 2\zeta \tag{5.27}$$
であるから $u=1$ のゲイン値は容易に計算できる. たとえば, $\zeta=0.5$ であれば丁度 0 db となる.

位相曲線については
$$\angle G(j\omega) = -\tan^{-1}\frac{2\zeta u}{1-u^2}$$
であった. これより,
$$\lim_{u\to 0}\angle G(j\omega) = 0$$
$$\lim_{u\to\infty}\angle G(j\omega) = -180°$$
となる. また特別 $u=1$ では ζ の値に無関係に,
$$\angle G(j\omega)_{u=1} = -90°$$
であるので $u=1$ の周波数で必ず $-90°$ を通る. 種々な ζ の値に対して位相曲

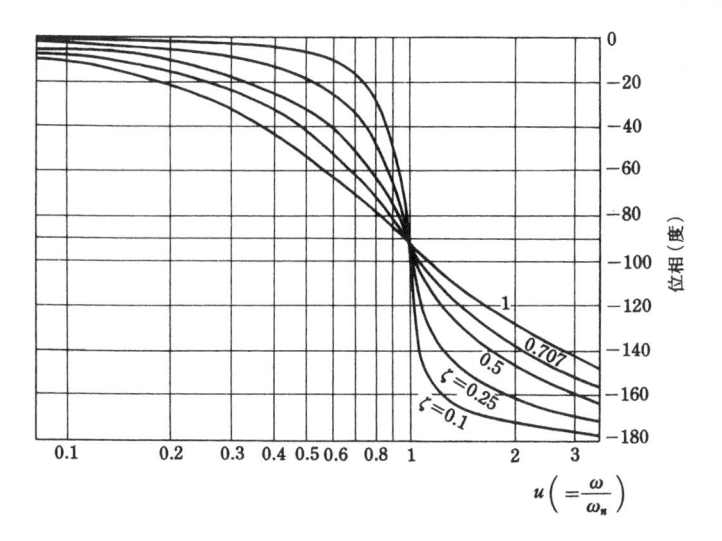

図 5.14 (b)　二次遅れ要素の位相曲線

線を描くと図 5.14.(b) のようになる．

二次遅れ要素の場合の漸近線での近似は ζ の値によって近似誤差が大きくなることがあるので，近似には ζ の値を考慮しなければならない．

B．ボード線図の特徴

ボード線図はすでに述べたことから分かるように次のような特徴をもつので実用上便利である．

a) 対数目盛を単位とするので広い周波数帯の特性を表現できる．

b) 漸近線で近似した折線で概形を得ることができるから，概略の特性をつかむのが容易である．

c) 直列結合 $\prod_{i=1}^{n} G_i(s)$ のボード線図は $G_i(s)$ 各々のボード線図を図上で加え合わすことで容易に得られる．したがって前項で述べた基本要素のボード線図を図上で加え合わせ一般的伝達関数のボード線図を描くことができる．

c) の特徴について少し説明を補足しておく．$G(j\omega)$ が，

の積の形で表されると，$|G(j\omega)|$ のデシベル値は，

$$G(j\omega) = \prod_{i=1}^{n} G_i(j\omega)$$

$$20\log|G(j\omega)| = 20\log|G_1(j\omega)|\cdot|G_2(j\omega)|\cdots\cdots|G_n(j\omega)|$$
$$= 20\log|G_1(j\omega)| + 20\log|G_2(j\omega)| + \cdots\cdots + 20\log|G_n(j\omega)| \qquad (5.28)$$

であるから，各々 $G_i(j\omega)$ の要素のデシベル値の和で与えられる．

位相については，$G(j\omega) = re^{j\theta}$, $G_i(j\omega) = r_i e^{j\theta_i}$ とすると偏角の間には，

$$\angle G(j\omega) = \angle G_1(j\omega) + \angle G_2(j\omega) + \cdots\cdots \angle G_n(j\omega) \qquad (5.29)$$

の関係が成立するので，各々の要素の位相曲線の和が $G(j\omega)$ の位相曲線となる．

b)，c)の特徴を応用し易いように，前項で述べなかった $G(s)=K$, $G(s)=s$, $G(s)=Ts+1$ の要素を含めた基本要素のボード線図の折線近似形を表5.6にまとめておく．
これを使って近似ボード線図を描く手順を次の例題を使って説明する．

［例題 5.4］ 次の伝達関数の制御系のボード線図を折線近似によって描け．

$$G(s) = \frac{50(s+2)}{s\cdot(s+10)}$$

（解答） 手順を追って説明しよう．

（ステップ1） 分母分子を表5.6の形の基本要素の積になおす．この例では，

$$G(s) = \frac{100(0.5s+1)}{10\cdot s\cdot(0.1s+1)} = 10\cdot\frac{1}{s}\cdot\frac{1}{0.1s+1}\cdot(0.5s+1)$$

のように分解できる．

（ステップ2） それぞれの基本要素

$$G_1(s) = 10$$

$$G_2(s) = \frac{1}{s}$$

$$G_3(s) = \frac{1}{0.1s+1}$$

$$G_4(s) = 0.5s+1$$

として $G_i(s)(i=1, 2, 3, 4)$ の折線を描く．

$G_3(s)$, $G_4(s)$ の折点周波数は $0.1\omega=1$, $0.5\omega=1$ より求められ，近似折線は図5.15

表5.6 基本要素の近似ボード線図

伝達関数	ゲイン（近似）曲線	位相（近似）曲線
K	db, 0, $20\log K$, ω	度, 0, ω
s	db, 0, 1, 20 db/dc, ω	度, 90, 0, ω
$\dfrac{1}{s}$	db, 0, 1, -20 db/dc, ω	度, 0, -90, ω
$Ts+1$	db, 0, $1/T$, 20 db/dc, ω	度, 90, 45, 0, $0.2/T$, $1/T$, $5/T$, ω
$\dfrac{1}{Ts+1}$	db, 0, $1/T$, -20 db/dc, ω	度, $0.2/T$, $1/T$, $5/T$, 0, -45, -90, ω

のように描ける．

（ステップ3） それぞれのゲイン曲線，位相曲線を図上で加え，$G(s)$のボード線図を得る．

図5.15の$G_1(s)$〜$G_4(s)$の近似折線を加え合わすと$G(s)$の近似ボード線図が図5.16のように得られる．

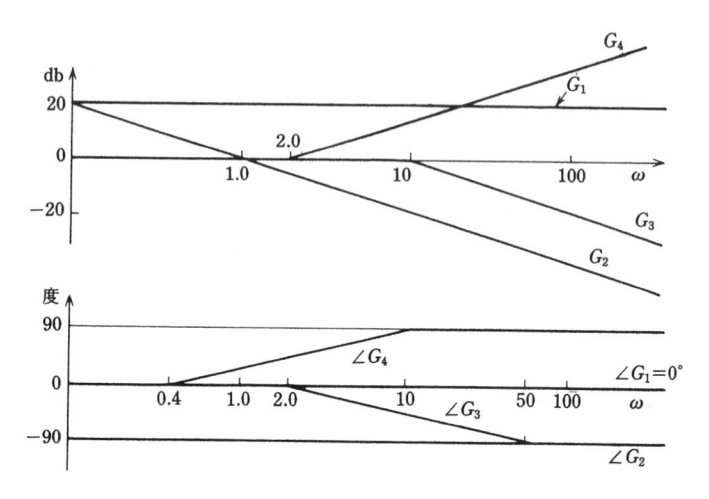

図 5.15 例題 5.4 の各要素の近似ボード線図

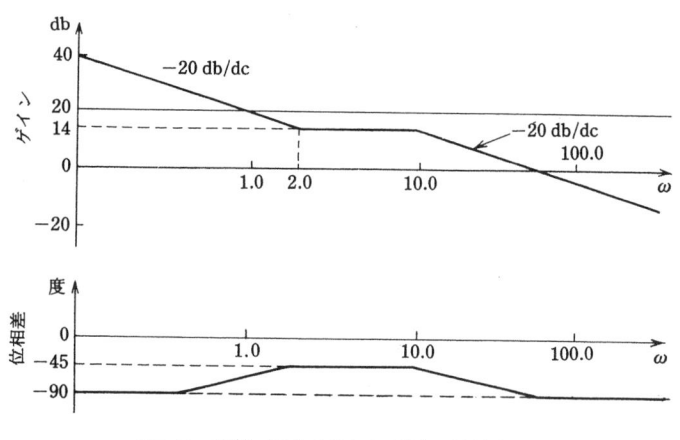

図 5.16 $G(s)=50(s+2)/s(s+10)$ の近似ボード線図

5.5 ゲイン位相線図

周波数特性を表現するもう1つの図示法にゲイン位相線図がある．これは縦軸に $20\log|G(j\omega)|$ の値をとり，横軸を位相差 $\angle G(j\omega)$ として，周波数 ω を

パラメータとして周波数特性を表すものである．簡単な例によって具体的な描き方を説明する．

[例題 5.5] 一次遅れ要素
$$G(s) = \frac{1}{1+Ts}$$
のゲイン位相線図を描け．

（解答） 一次遅れ要素のゲインのデシベル値，位相差は，
$$20\log|G(j\omega)| = -20\log\sqrt{1+\omega^2 T^2},$$
$$\angle G(j\omega) = -\tan^{-1}\omega T$$
であり，ωT をパラメータとするとき各々の値は表 5.2 に示したとおりである．この値を縦軸にゲインのデシベル値，横軸に位相差とした座標にプロットすると，ゲイン位相線図は図 5.17 のように描ける．

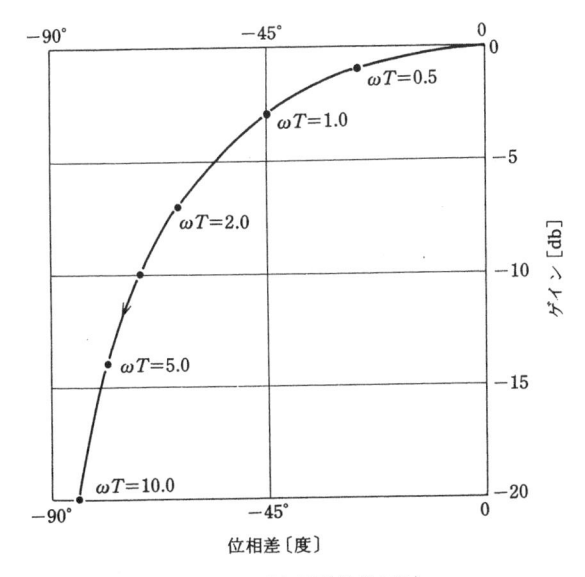

図 5.17 ゲイン位相線図 $(1/1+Ts)$

演習問題

5.1 次の伝達関数のベクトル軌跡を描け.

(1) e^{-s} (2) $\dfrac{s}{1+0.5s}$ (3) $\dfrac{1}{(1+s+s^2)(1+5s)}$

5.2 次の伝達関数の要素について次の問に答えよ.

$$\dfrac{5}{(s+1)(s+2)(s+5)}$$

(1) この伝達関数のベクトル軌跡を求めよ.このときベクトル軌跡の始点 ($\omega=0$),終点 ($\omega=\infty$) はいくらか.また軌跡が実軸,虚軸と交差する点を求めよ.

(2) この要素に $\sin t$ なる入力信号が与えられたとき,定常出力信号の振幅,位相差はいくらとなるか.

5.3 次の伝達関数の逆ベクトル軌跡を求めよ.

$$3/s(s+1)(s+5)$$

5.4 次の伝達関数の近似ボード線図を求めよ.

(1) $\dfrac{5}{s}$ (2) $\dfrac{1}{s+5}$ (3) $\dfrac{s+10}{s+5}$

5.5 次の制御系の一巡伝達関数の近似ボード線図を描け.

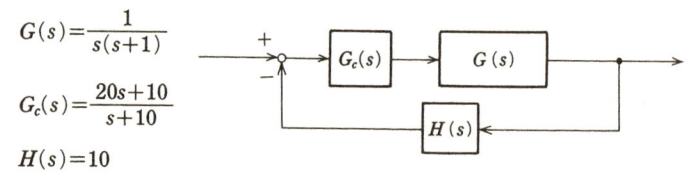

$G(s)=\dfrac{1}{s(s+1)}$

$G_c(s)=\dfrac{20s+10}{s+10}$

$H(s)=10$

5.6 図5.18の近似ゲイン曲線から伝達関数を求めよ.

5.7 表5.7の実験データからボード線図を描け.このボード線図から出力信号の振幅が入力信号の振幅より小さくなる周波数を求めよ.またそのとき位相はどれだけずれるか.$\omega=0.5$ rad/sec, $\omega=5$ rad/sec の正弦波入力に対し定常出力振幅は何倍か.

5.8 次の伝達関数の近似ゲイン曲線を求めよ.

$$G(s)=(4+8s)/s(s^2+2s+4)$$

5.9 次の伝達関数について $K=1$ のときのベクトル軌跡を描け.このときベクトル軌跡が実軸と交差する点の座標を求めよ.次に $K=5$ としたときこの交点はどのように移動するか,また実軸との交点座標が $(-1, j \cdot 0)$ となるような K はいくらか.

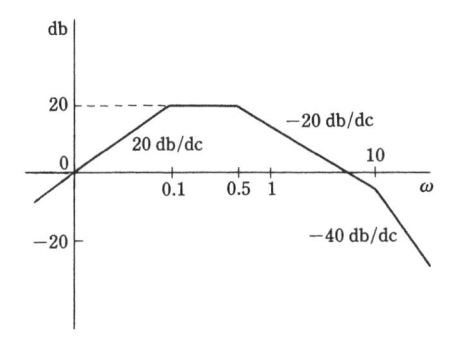

図 5.18　問題 5.6 の近似ゲイン曲線

表 5.7　問題 5.7 のデータ

ω[rad/s]	ゲイン[dB]	位相[°]	ω[rad/s]	ゲイン[dB]	位相[°]
0.01	53.98	-90.14	3	3.69	-126.87
0.02	47.96	-90.29	3.5	0.63	-131.19
0.05	40.00	-90.72	4	-1.07	-135.00
0.1	33.98	-91.43	4.5	-2.64	-138.37
0.2	27.95	-92.86	5	-4.09	-141.34
0.3	24.41	-94.29	7	-9.01	-150.26
0.5	19.93	-97.12	10	-14.62	-158.20
0.7	16.95	-99.93	20	-26.16	-168.69
1	13.72	-104.04	30	-33.14	-172.41
1.5	9.89	-110.56	50	-41.97	-175.43
2	6.99	-116.57	100	-53.99	-177.71
2.5	4.59	-122.01			

$$G(s) = \frac{K}{s(s+1)(s+2)}$$

5.10　演習問題 3.5 の振動計の伝達関数のボード線図を $m=1$[kg], $C=2$[N sec/m], $k=1$[N/m] として描け．また ω が大きい範囲での外部変位と相対変位はどのような関係にあるかを述べよ．

6 制御系の安定判別

本章では自動制御系の最も基本的な要件である安定性について，その概念と安定性を判別する3つの手順，ラウス法，フルビッツ法およびナイキスト法について説明する．

自動制御の目的として制御量を目標値に一致させることがある．このため目標値の変化が生じたとき，時間の経過と共に少なくとも制御量は新しい平衡状態に落ち着かなければ全く用をなさない．そればかりか装置の破壊につながる恐れもある．このため制御系は常に平衡状態に落ち着く．すなわち，安定なものでなくてはならない．この章では制御系の安定性の概念を述べ，制御系が安定であるか否かを判断する安定判別法として，代数的手順によるラウス，フルビッツ法の手順と適用法，幾何学的方法によるナイキストの判別法の手順について述べる．ナイキスト法については安定判別の手順や適用上の注意，特性根との関係についても説明する．

6.1 制御系の安定性

自動制御系において，目標値が変化したり外乱が加わったとき，時間の経過と共に再び釣り合い（平衡）状態に落ち着くことがなければ意味がない．

制御系が，目標値の変化や外乱の影響を受けたとき，時間の経過と共に再び平衡状態に収束する場合を**安定**（stable）といい，逆に平衡状態からますます離れていく場合を**不安定**（unstable）という．この安定性の概念を分かり易くするため簡単な例で説明する．

次の簡単な二次遅れ要素の伝達関数を考える．

$$W(s)=\frac{1}{s^2+0.4s+1} \tag{6.1}$$

これがフィードバック結合から得た伝達関数か否かを今のところ問題にしない．式 (6.1) の伝達関数の要素に対して，目標値がステップ状に変化した場合を考えよう．このとき出力 $y(t)$ は

$$y(t)=\mathcal{L}^{-1}\left[\frac{1}{s^2+0.4s+1}\cdot\frac{1}{s}\right]$$

で得られる．これはすでに4章で述べたように2次標準形のステップ応答で $\zeta=0.2$ の場合であるから，

$$y(t)=1-e^{-0.2t}\left(\cos\sqrt{0.96}t+\frac{0.2}{\sqrt{0.96}}\sin\sqrt{0.96}t\right)$$

となり，図 6.1 (a) のように時間の経過と共に新しい平衡状態に落ちつく．したがってこのような系は安定である．具体的な現象としては図 6.2 のような振動系に一定外力を加えた場合の物体の挙動などである．

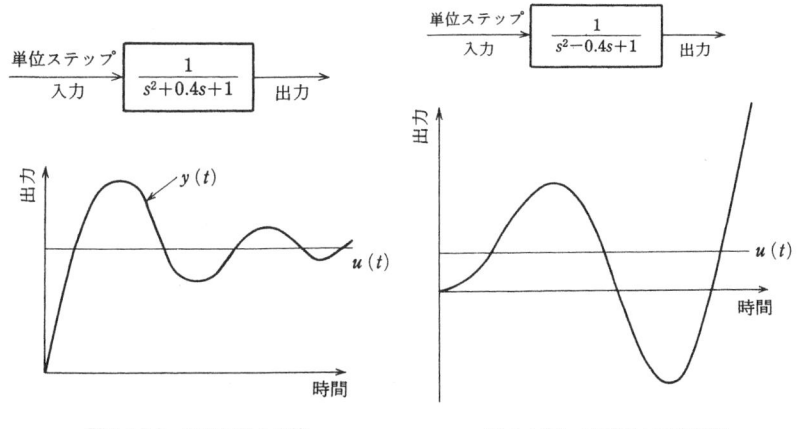

図 6.1 (a)　安定な系の応答

図 6.1 (b)　不安定な系の応答

次に $W(s)$ が，

$$W(s)=\frac{1}{s^2-0.4s+1} \tag{6.2}$$

の場合を考えてみよう．この場合のステップ応答は同様に計算することができ

て，

$$y(t) = 1 - e^{0.2t}(\cos\sqrt{0.96}t - \frac{0.2}{\sqrt{0.96}}\sin\sqrt{0.96}t)$$

となるから，図6.1（b）のような出力波形となり平衡点に落ちつくことなく発散してしまうから不安定である．このような現象の一例としては図6.3のような低速度で動いているベルト上のバネ質点系でベルトと物体との間に乾性摩擦のある場合において生じることがある．

さて，ここで述べた簡単な例および2章の議論から分かるように，線形制御系の安定性は入力の性質に無関係に伝達関数の極（特性方程式の根）だけに依存して決まり，伝達関数のすべての極が複素平面の左半平面に存在すれば安定である．一方，伝達関数の極のうち1つでも複素平面の右半平面に存在するものがあれば不安定である．伝達関数の極が複素平面の右半平面にないが丁度虚軸上にある場合発散も減衰もしない状態となり，この場合を**安定限界**（stability limit）という．

いままではフィードバック系であるかどうかに留意することなく入出力間の伝達関数 $W(s)$ について述べた．このことをフィードバック制御系で考える．

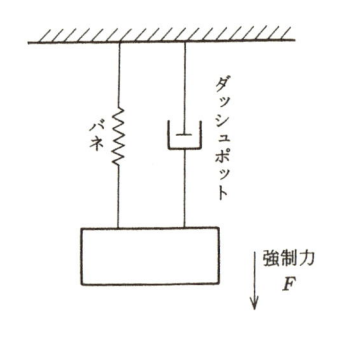

図6.2 力学系

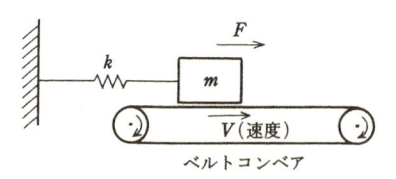

図6.3 乾性摩擦のあるベルト上のバネ質点系

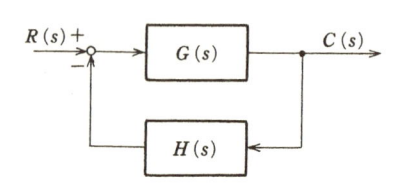

図6.4 フィードバック制御系

図6.4のフィードバック制御系では閉ループ伝達関数 $W(s)$ は，

$$W(s) = \frac{G(s)}{1 + G(s)H(s)} \tag{6.3}$$

である．$G(s)$, $H(s)$ はそれぞれ s の多項式の比として，

$$G(s) = \frac{q(s)}{p(s)}$$

$$H(s) = \frac{q_h(s)}{p_h(s)}$$

と書けるから，

$$W(s) = \frac{\dfrac{q(s)}{p(s)}}{1 + \dfrac{q(s)q_h(s)}{p(s)p_h(s)}}$$

$$= \frac{q(s)p_h(s)}{p(s)p_h(s) + q(s)q_h(s)} \tag{6.4}$$

となる．したがって $W(s)$ の極は特性方程式，

$$p(s)p_h(s) + q(s)q_h(s) = 0 \tag{6.5}$$

の根となり，これは，

$$1 + G(s)H(s) = 0 \tag{6.6}$$

の根に他ならない．したがって，

フィードバック制御系（図 6.4）が安定であるための必要十分条件は特性方程式（6.6）のすべての根の実部が負となることである．

［例題 6.1］ 図 6.5 のフィードバック制御系の安定性を述べよ．

（解答） 特性方程式は，

$$1 + \frac{1}{s^2 + 2s + 2} = 0$$

となるから，特性根，

$$s = -1 \pm j \cdot \sqrt{2}$$

図 6.5 制御系

であり，すべて実部が負であるからこの制御系は安定である．

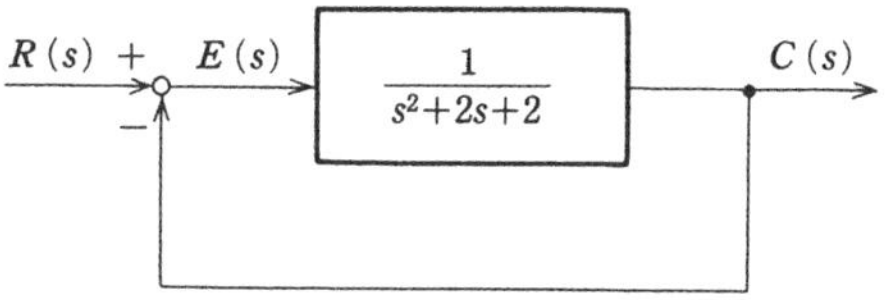

結局，制御系の安定性は特性根が複素平面の左半平面にあるかどうかを調べることで判断できる．例題 6.1 のような 2 次系では容易に特性方程式の根を求めることができるが，特性方程式が高次の多項式となると直接特性根を求め

ることは計算機の力を借りなければ困難になる．そこで特性方程式を直接解かずに制御系が安定か不安定かを判定する安定判別法が有用になる．フィードバック制御系の安定判別法には，特性方程式の係数によって代数的に判別するラウス（Routh）法あるいはフルビッツ（Hurwitz）法と，一巡伝達関数のベクトル軌跡によって幾何学的に判定するナイキスト（Nyquist）法がある．以下の節でこれらの判別法を説明する．

6.2　ラウス，フルビッツの安定判別法

特性方程式は一般に s の多項式
$$a_0 s^n + a_1 s^{n-1} + \cdots\cdots + a_{n-1}s + a_n = 0 \tag{6.7}$$
となる．この特性方程式の係数 $a_0, a_1, \cdots, a_n$ を使って安定判別するのがラウス法とフルビッツ法である．

A．ラウスの方法

特性方程式の根の実部がすべて負である必要十分条件は次の条件を満たすことである．

ⅰ）特性方程式のすべての係数 $a_0, a_1, \cdots, a_n$ が零でなく，同一符号である．

ⅱ）係数 $a_0, a_1, \cdots, a_n$ から次の配列表を作る．

s^n	a_0	a_2	a_4	a_6	$\cdots$
s^{n-1}	a_1	a_3	a_5	a_7	$\cdots$
s^{n-2}	a_{31}	a_{32}	a_{33}	$\cdots$	
s^{n-3}	a_{41}	a_{42}	a_{43}	$\cdots$	
$\vdots$	$\vdots$				
s^1	a_{n1}				
s^0	$a_{n+1\ 1}$				

ただし，

$$a_{31}=\frac{a_1a_2-a_0a_3}{a_1}, \quad a_{32}=\frac{a_1a_4-a_0a_5}{a_1}, \quad a_{33}=\frac{a_1a_6-a_0a_7}{a_1} \cdots$$

$$a_{41}=\frac{a_3a_{31}-a_1a_{32}}{a_{31}}, \quad a_{42}=\frac{a_5a_{31}-a_1a_{33}}{a_{31}} \cdots$$

$$a_{51}=\frac{a_{32}a_{41}-a_{31}a_{42}}{a_{41}} \cdots$$

である.

このとき第1列目の数列 $a_0, a_1, a_{31}, \cdots, a_{n+11}$ がすべて同符号.

これがラウスの判別法である．上記のように作られる配列表を**ラウス配列表**（Routh table）といい，配列表の第1列目の数列を**ラウス数列**と呼ぶ．ラウス数列の符号が反転するとき制御系は不安定であり，この符号の反転回数が特性根の実部が正のもの（不安定根）の数を表す．

数値例を使ってラウス法の具体的な適用法を説明しよう．

[**例題6.2**] 例題6.1をラウス法によって安定判別せよ．
（解答）例題6.1の制御系の特性方程式は，
 $s^2+2s+3=0$
であった．これよりすべての係数は正であるから条件 i ）を満足している．次にラウスの配列表は，

$$\begin{array}{c|cc} s^2 & 1 & 3 \\ s^1 & 2 & \\ s^0 & \dfrac{2\times3-1\times0}{2}=3 & \end{array}$$

のように作ることができ，ラウス数列は (1, 2, 3) で符号の反転はないので安定である．これは前の結論に一致している．

[**例題6.3**] 特性方程式が，
 $s^5+2s^4+3s^3+4s^2+6s+4=0$
である制御系の安定判別を行え．
（解答）係数はすべて正であるから i ）の条件は満たしている．ラウス配列表は

s^5	1	3	6
s^4	2	4	4
s^3	$\dfrac{2\times3-1\times4}{2}=1$	$\dfrac{2\times6-1\times4}{2}=4$	
s^2	$\dfrac{1\times4-2\times4}{1}=-4$	$\dfrac{1\times4-2\times0}{1}=4$	
s^1	$\dfrac{-4\times4-1\times4}{-4}=5$		
s^0	$\dfrac{5\times4-(-4)\times0}{5}=4$		

のように作られ，ラウス数列は$(1, 2, 1, -4, 5, 4)$であるから符号の反転は$1(+)$から$-4(-)$と$-4(-)$から$5(+)$の2度，したがって，この制御系は不安定であり不安定な特性根は2個存在している．

B．ラウス法の特殊な場合

ラウス法を適用した場合，ラウス配列表のラウス数列に零が現れたり，ある行がすべて零となってしまうことがある．このようなときラウス法を修正して安定判別する手順を簡単な例を使って示しておく．

a）ラウス数列に零が生じた場合

ラウス数列に零要素が生じたとき，これを正の微小量εとして配列表を完成させ，$\varepsilon\to+0$に極限したときのラウス数列の符号によって判定する．

たとえば，特性方程式，

$$s^4+s^3+3s^2+3s+2=0$$

を考える．配列表を作成すると

s^4	1	3	2
s^3	1	3	
s^2	$\dfrac{1\times3-1\times3}{1}=0$	$\dfrac{1\times2-1\times0}{1}=2$	

となり，このままでは手順を続行できない．そこで0をεとおいて配列表を完成させれば，

s^4	1	3	2
s^3	1	3	
s^2	ε	2	
s^1	$\dfrac{3\varepsilon-2}{\varepsilon}$		
s^0	2		

となる．ここで $\varepsilon \to +0$ とすると，

$$\lim_{\varepsilon \to +0} \frac{3\varepsilon-2}{\varepsilon} \to -\infty$$

であるからラウス数列の符号の反転は2回である．したがって，不安定根は2個存在することになる．

b）ラウス配列のある行がすべて零となる場合

ラウス配列表のある行がすべて零となるとき，この行の直上の行の値を係数として方程式を作り，さらにこれを s で微分して得る方程式の係数をその行の係数として配列表を完成する．

$$s^4+5s^3+7s^2+5s+6=0$$

なる特性方程式を例に説明を補足する．配列表は，

s^4	1	7	6
s^3	5	5	
s^2	6	6	
s^1	0	0	

となる．そこで s^2 の係数によって補助的な方程式，

$$6s^2+6=0$$

を作る．これを s で微分すると，

$$12s=0$$

であるから，この係数を s^1 の係数として手順を続ければ，

s^1	12	0
s^0	6	

によって配列表を完成することができる．ラウス数列に符号の反転がないので不安定根がない．ところがこの場合,
$$6s^2+6=0$$
であったから特性方程式の根として $s=\pm j$ をもつことになる．これは複素平面の虚軸上に特性根が存在しており安定の限界にあることになる．

ラウス法の適用にあたって，配列表のある行に正の値を掛けてもラウス数列の符号が変化しない性質がある．この性質を用いると計算が容易になることがある．例題 6.3 において s^4 の行 2.4.4 に 1/2 を掛け，s^2 の行に再びこの性質を使えば,

s^5	1	3	6	
s^4	2→1	4→2	4→2	$\left(\dfrac{1}{2}\text{を掛ける}\right)$
s^3	$1\times3-1\times2=1$	$1\times6-2\times1=4$		
s^2	$1\times2-1\times4=-2\to-1$	$1\times2=2\to1$		$\left(\dfrac{1}{2}\text{を掛ける}\right)$
s^1	$\dfrac{-1\times4-1\times1}{-1}=5$			
s^0	1			

のように配列表が得られ，ラウス数列は $(1,\ 1,\ 1,\ -1,\ 5,\ 1)$ で符号反転が 2 回，これは前の結果に一致している．

C．フルビッツの方法

この判別法も本質的には前述のラウス法と同じであるが行列を使って端的にまとめられた表現である．しかしながら実際の計算が必ずしも容易になるということはない．

特性方程式
$$a_0 s^n + a_1 s^{n-1} + \cdots\cdots + a_n = 0$$
の根の実部がすべて負であるための必要十分条件は次の条件を満たすことである．

i) 特性方程式の係数 $a_0, a_1, \cdots, a_n$ はすべて正である.

ii) 係数 $a_0, a_1, \cdots, a_n$ で作られる次の正方行列 $\varDelta_n$ において $\varDelta_n$ の行列式およびすべての主座小行列式（式（6.8）で点線で囲まれる部分の行列式）がすべて正である.

$$\varDelta_n = \begin{bmatrix} a_1 & a_3 & a_5 & a_7 & & & 0 \\ a_0 & a_2 & a_4 & a_6 & & & 0 \\ 0 & a_1 & a_3 & a_5 & a_7 & & \\ 0 & a_0 & a_2 & a_4 & a_6 & & \\ 0 & 0 & a_1 & a_3 & a_5 & & \\ 0 & 0 & a_0 & a_2 & a_4 & & \\ 0 & & & a_0 & a_2 & & a_n \end{bmatrix} \quad (6.8)$$

たとえば，4次の特性方程式,
$$a_0 s^4 + a_1 s^3 + a_2 s^2 + a_3 s + a_4 = 0$$
では,
$$\varDelta_4 = \begin{pmatrix} a_1 & a_3 & 0 & 0 \\ a_0 & a_2 & a_4 & 0 \\ 0 & a_1 & a_3 & 0 \\ 0 & a_0 & a_2 & a_4 \end{pmatrix}$$

であるから,
$$|\varDelta_4| > 0$$
$$|\varDelta_3| = \begin{vmatrix} a_1 & a_3 & 0 \\ a_0 & a_2 & a_4 \\ 0 & a_1 & a_3 \end{vmatrix} = a_1 a_2 a_3 - a_0 a_3^2 - a_1^2 a_4 > 0$$
$$|\varDelta_2| = \begin{vmatrix} a_1 & a_3 \\ a_0 & a_2 \end{vmatrix} = a_1 a_2 - a_0 a_3 > 0$$

となる．したがって,

$$|\varDelta_4|=|\varDelta_3|\cdot a_4>0$$
$$|\varDelta_3|=|\varDelta_2|\cdot a_3-a_1^2 a_4>0$$
$$|\varDelta_2|>0$$

が安定条件である．この場合は係数 $a_i(i=1, \cdots, 4)$ はすべて正であるから $|\varDelta_3|>0$ が成立すれば安定である．

[**例題 6.4**] 図 6.6 に示す制御系で，$K=1$ のときの安定判別を行え．またこの制御系が安定であるためには K はいくらの範囲でなければならないか．

（**解答**）特性方程式は，

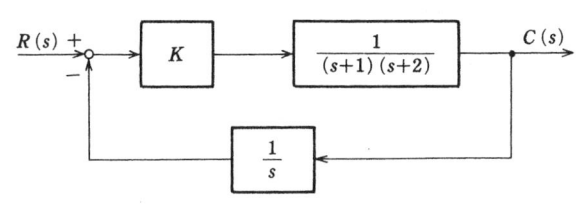

図 6.6　例題 6.4 の制御系

$$1+\frac{K}{s(s+1)(s+2)}=0$$

より，

$$s^3+3s^2+2s+K=0$$

となる．フルビッツ法を適用すれば，

$$\varDelta_3=\begin{pmatrix} 3 & K & 0 \\ 1 & 2 & 0 \\ 0 & 3 & K \end{pmatrix}$$

である．$K=1$ のとき，

$$|\varDelta_2|=3\times 2-1\times 1=5>0$$
$$|\varDelta_3|=|\varDelta_2|\times 1=5>0$$

となりフルビッツの安定条件から制御系は安定である．

次に制御系が安定である K の範囲を求める．まず条件 ⅰ) から $K>0$ また，

$$|\varDelta_2|=\begin{vmatrix} 3 & K \\ 1 & 2 \end{vmatrix}=6-K>0$$

$|Δ_3| = |Δ_2| × K > 0$

となる．$|Δ_2| > 0$ ならば $|Δ_3| > 0$ であるから $|Δ_2| > 0$ より $K < 6$ が得られ，制御系が安定となる K の範囲は

$$0 < K < 6$$

を得る．

この例題ではフルビッツ法によって K の範囲を求めたがラウス法によっても当然同じ結果を得る．

6.3 ナイキストの安定判別法

ナイキストの安定判別法は図 6.4 の制御系の特性方程式の実部の正負を判定するのに一巡伝達関数のベクトル軌跡を用いる方法である．この安定判別は次の手順で行うことができる．

（ナイキストの安定判別手順）

（ステップ1） 一巡伝達関数 $G(s)H(s)$ のベクトル軌跡を $\omega = -\infty \sim \infty$ の範囲で描く．このベクトル軌跡を**ナイキスト線図**（Nyquist diagram）と呼ぶ．

（ステップ2） ω を $-\infty$ から $+\infty$ に変化させた時，ステップ1のベクトル軌跡が $(-1, j·0)$ の点の周りを反時計方向に回転する数を調べ，これを Z とする．

（ステップ3） 一巡伝達関数 $G(s)H(s)$ の極で実部が正のものの数を N とする．

（ステップ4） Z と N を比較し次の判定を行う．

$Z = N$ ならば 制御系は安定 (6.9)

$Z \neq N$ ならば 制御系は不安定 (6.10)

ナイキストの安定判別法は，

（a） 要素の伝達関数が分からなくても周波数特性が実測できれば適用できる．

（b） 安定か不安定かの判定だけでなく，どの程度安定かという安定度が評価できる．

など実際の解析，設計に有利な特徴がある．

[例題 6.5] ナイキスト法により図 6.7 の制御系の安定判別を行え．

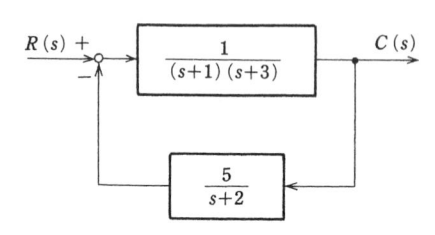

図 6.7 例題6.5の制御系

（解答） ナイキスト判別手順に従うと，
（ステップ1） 一巡伝達関数は，
$$G(s)H(s)=\frac{5}{(s+1)(s+2)(s+3)}$$
であるから，ナイキスト線図は図 6.8 のように描ける．

（ステップ2） ω が $-\infty$ から $+\infty$ に増加するときステップ1のベクトル軌跡は $(-1, j\cdot 0)$ を反時計方向に一度も回らないから，
$$Z=0$$
である．

（ステップ3） $G(s)H(s)$ の極は $s=-1$, $s=-2$, $s=-3$ であるから実部が正のものは存在しないので，
$$N=0$$
となる．

（ステップ4） $Z=N$ が成立するからこの制御系は安定である．

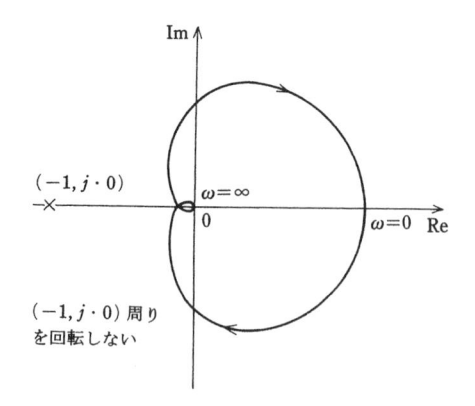

図 6.8 例題6.5のナイキスト線図

ステップ3で $G(s)H(s)$ の分母が因数分解されていない高次多項式の場合にはラウス法を使って $G(s)H(s)$ の極で実部が正となるものの数を知ることができる．

実際に扱われる制御系では一巡伝達関数の極の実部が非正である．このときナイキストの判別手順において$N=0$が常に成立するから安定条件は$(-1, j\cdot 0)$の点を反時計方向に回転する数$Z=0$となる．もし時計方向に回転すれば反時計方向の回転数は-1であるから安定判別手順は次のように簡単化される．

(簡単化されたナイキストの安定判別手順)

（ステップ0） 一巡伝達関数$G(s)H(s)$の極に実部が正となるものがないことを調べる．

（ステップ1） 一巡伝達関数のベクトル軌跡を$\omega=0$から∞の範囲で描く．

（ステップ2） ωを0から$+\infty$に変化させるとき$(-1, j\cdot 0)$の点を常に左に見れば安定，右に見れば不安定となる．

たとえば，例題6.5にこれを適用してみよう．まず

（ステップ0） 例題6.5のステップ3でみるように一巡伝達関数の極に実部が正となるものがないから簡単化されたナイキスト手順の適用が可能である．

（ステップ1） 一巡伝達関数$G(s)H(s)$のベクトル軌跡は図6.9の実線のように描ける．

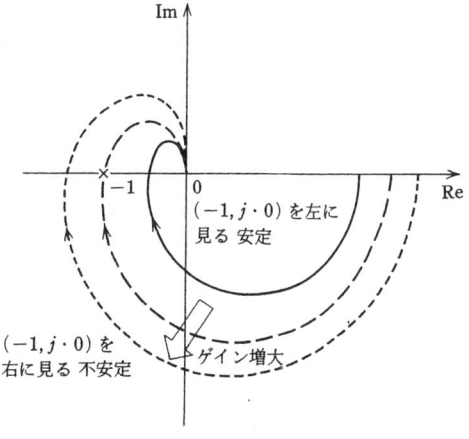

図6.9 簡単化されたナイキスト法の例

（ステップ2） ωを0から増大させたときのベクトル軌跡上の点から$(-1, j\cdot 0)$を常に左手に見るのでこの制御系は安定である．

この制御系で一巡伝達関数のゲインを増大させると不安定となる．これはゲ

インを徐々に増大すると，ナイキスト線図は図6.9の破線のようになり，やがて$(-1, j\cdot 0)$の点をωの増す方向に向かって右手に見るようになるからである．

簡単化されたナイキスト安定判別法を応用すると，多くの制御系ではボード線図やゲイン位相曲線を使っても安定判別することができる．簡単化されたナイキスト判別法で図6.10のようにベクトル軌跡が得られる．Aのベクトル軌

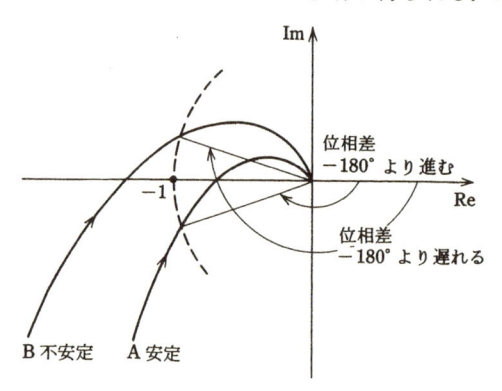

図6.10　安定な系と位相差の関係

跡にみられる安定な系では，通常ゲイン1となるωでは位相差は$-180°$より進み，不安定となる場合，Bのベクトル軌跡にみられるように位相差は$-180°$より遅れる．また位相差が$-180°$となる周波数では安定な制御系では$(-1, j\cdot 0)$を左手にみるからAのベクトル軌跡のようにゲインは1以下であり，不安定な系ではBのベクトル軌跡のようにゲインは1以上となる．これを安定判別の目安として用いれば，ボード線図上で，

a) $|G(j\omega)H(j\omega)|=1$となる周波数ωで

　　$\angle G(j\omega)H(j\omega)$が$-180°$より進む　　ならば　安定

　　$\angle G(j\omega)H(j\omega)$が$-180°$　　　　　　ならば　安定限界

　　$\angle G(j\omega)H(j\omega)$が$-180°$より遅れる　ならば　不安定

b) $\angle G(j\omega)H(j\omega)=-180°$となる周波数$\omega$で

　　$20\log|G(j\omega)H(j\omega)|<0$ db　　ならば　安定

　　$20\log|G(j\omega)H(j\omega)|=0$ db　　ならば　安定限界

　　$20\log|G(j\omega)H(j\omega)|>0$ db　　ならば　不安定

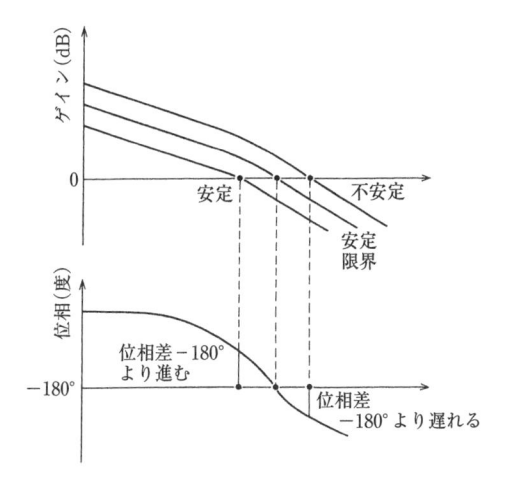

図6.11 ボード線図による安定判別

　この安定判別について，位相が$-180°$となる周波数で$|G(j\omega)H(j\omega)|<1$であるとは，ループを一巡して$-G(s)H(s)$を通過した信号は，位相$-180°$においてもとの信号のゲインが1未満，すなわち振幅がループを一巡する前の信号より小さくなる．このことはループを巡回するごとに信号の振幅が小さくなり，順次零に近づき，やがて平衡状態に落ち着くと直感的に解釈できる．

　次節以降では安定判別法と特性根との関係を説明し，次章において制御性能との関連について詳しく述べる．

6.4　ナイキストの安定判別法と特性根との関係

　前節ではナイキストの安定判別の手順と適用例について述べた．この節では特性方程式の根の実部の正負判定とナイキスト線図との関係を説明しよう．
　図6.4のフィードバック系において特性方程式 (6.6) の根の実部がすべて負であれば安定であった．

$$G_r(s) = 1 + G(s)H(s) \tag{6.11}$$

とおくと$G(s)H(s)$は有理関数であるので多項式の比で表され，$G(s)H(s) = Q(s)/P(s)$のように書ける．ただし多項式$Q(s)$の次数はm，多項式$P(s)$の次数は$n(n \geq m)$である．このとき$G_r(s)$は

$$G_r(s) = \frac{P(s)+Q(s)}{P(s)} \tag{6.12}$$

となる．

$$Q(s)+P(s)=0 \tag{6.13}$$

が特性方程式であり，特性根を $r_1, r_2, \cdots, r_n$ とし，また $P(s)=0$ の根を $p_1, p_2, \cdots, p_n$ とすると，

$$G_r(s) = \frac{\prod_{i=1}^{n}(s-r_i)}{\prod_{i=1}^{n}(s-p_i)} \tag{6.14}$$

で表せる．

さて，$(s-r_i)$, $(s-p_i)$ は $s=\sigma+j\omega$ が図 6.12 のような s 平面上を動くものとすると各々複素数であるから極形式表示して，

$$s-r_i = |s-r_i|e^{j\angle(s-r_i)}$$
$$s-p_i = |s-p_i|e^{j\angle(s-p_i)} \tag{6.15}$$

で書ける．これを使って $G_r(s)$ は，

$$G_r(s) = \frac{\prod_{i=1}^{n}|s-r_i|e^{j\sum_{i=1}^{n}\angle(s-r_i)}}{\prod_{i=1}^{n}|s-p_i|e^{j\sum_{i=1}^{n}\angle(s-p_i)}} \tag{6.16}$$

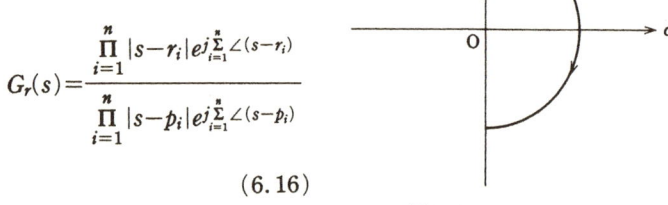

図 6.12 $s=\sigma+j\omega$ の軌跡

となる．s が図 6.13 の複素平面の右半平面を虚軸上と無限遠方の円周上 C の軌跡に沿って時計方向に回転すると軌跡 C の内部に存在する r_i, p_i について $s-r_i$, $s-p_i$ は時計方向に 1 回転（$1/(s-p_i)$ は反時計方向に 1 回転）する．一方，軌跡 C の外部に存在する r_k, p_k については正味回転角は零である．そこで C の内部すなわち複素平面の右半平面に存在する p_i, r_i の数を N, M とすると，s が C の軌跡を時計方向に 1 回転したとき $G_r(s)$ の偏角は式 (6.16) より，

$$\angle G_r(s) = -2\pi(M-N) \tag{6.17}$$

だけ変わる．つまり $G_r(s)$ の軌跡は原点周りに反時計方向（偏角が増す方向）には，

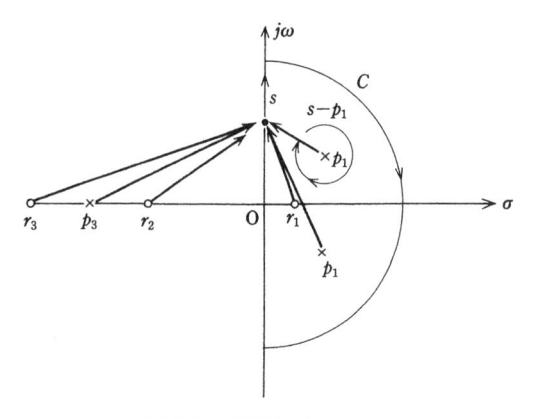

図 6.13　閉曲線 C と r_i, p_i

$$Z = N - M \tag{6.18}$$

だけ回転することになる．ところが，

$$G_r(s) = 1 + G(s)H(s)$$

であったから，$G_r(s)$ が原点周りに反時計方向に Z だけ回転することは図 6.14 のようにベクトルの和の性質より $G(s)H(s)$ のベクトル軌跡 $(-\infty, +\infty)$ が点 $(-1, j\cdot 0)$ の周りを反時計方向に Z だけ回転することに等しい．

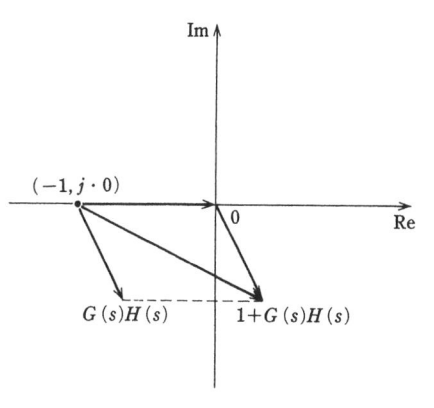

図 6.14　$1 + G(s)H(s)$ の原点周りの回転と $G(s)H(s)$ の $(-1, j\cdot 0)$ 周りの回転

一方，特性方程式の根の実部がすべて負であれば複素平面の右半平面に r_i が存在していないことになるから，制御系が安定であるということは，

$$M = 0 \tag{6.19}$$

を意味する．したがって式 (6.18) より

$$Z = N \tag{6.20}$$

が成立していれば制御系は安定である．N は $G(s)H(s)$ の極で複素平面の右半平面に存在するものの数であった．以上の理由によってナイキストの判定手順が導かれる．

例題 6.5 のように一巡伝達関数に $s=0$ となる極がなければナイキスト線図は閉曲線を描く．ところが例題 6.4 のような制御系ではナイキスト線図が図 6.15 のようになり $\omega=0$ の近傍で BCA の軌跡を描くのか BDA の軌跡となる

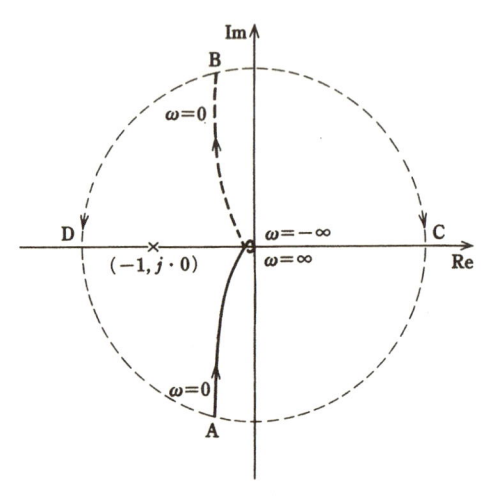

図 6.15　ナイキスト線図の無限遠点における回転方向

かによって反時計方向の回転角が異なってしまう．そこでこのような場合にはナイキスト線図が $\omega=0$ でどのように接続しているかを考えなければならない．このことを例題 6.4 の $K=1$ の制御系を使って説明する．

一巡伝達関数は，

$$G(s)H(s) = \frac{1}{s(s+1)(s+2)}$$

であるからベクトル軌跡は図 6.16 (a) のようになる．問題となるのは $\omega=0$ の近傍でどのように閉じるかである．閉曲線 C を図 6.17 のように原点近傍 ε を考え，原点を避けて反時計方向に半回転する．これは s が回転角正の方向に $180°$ だけ変化する．このとき $|s| \fallingdotseq 0$ では，

$$G(s)H(s) \fallingdotseq \frac{1}{2s}$$

となるので，$G(s)H(s)$ のベクトル軌跡の無限遠点での回転角は s と反対に時計方向に半回転することになり，$G(s)H(s)$ のナイキスト線図は図 6.16 (b)

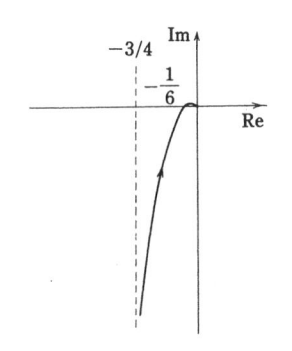

図6.16 (a) $1/(s(s+1)(s+2))$ のベクトル軌跡 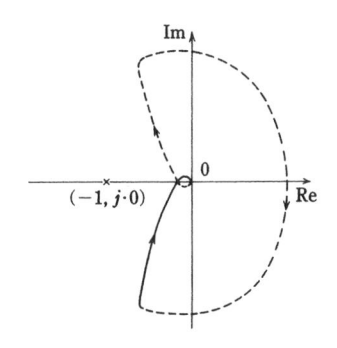　**図6.16 (b)** 図6.17の閉曲線 C による $1/(s(s+1)(s+2))$ のナイキスト線図

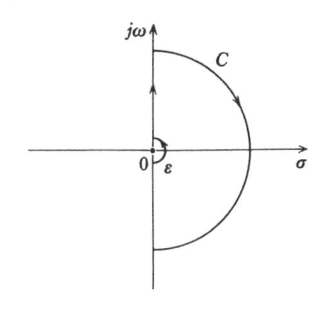

図6.17 s の原点近傍の軌跡と閉曲線 C

の破線の軌跡で閉じられ回転角を求めることができる．$s=0$ は閉曲線 C の内部に含まれないから，

$$N=0$$

しかも，ナイキスト線図の $(-1,\ j\cdot 0)$ 周りの回転数は図6.16 (b) より，

$$Z=0$$

であるから安定であると判定できる．C の軌跡が原点を含む領域を考えても同じ結論が得られる．

結局，ナイキスト法は一巡伝達関数の極に $s=0$ が存在する場合にもこれを避けた閉軌跡を考えることによって判別が可能となる．

[**例題6.6**] 例題6.4の制御系で安定となる K の範囲をナイキスト判別法によって求めよ．

(**解答**) 一巡伝達関数は，

$$G(s)H(s)=\frac{K}{s(s+1)(s+2)}$$

であるから，原点を含まない複素平面の右半平面の領域を考えれば簡単化されたナイキストの判別法が適用できる．一巡伝達関数のベクトル軌跡は図6.18となる．ベクトル軌跡が実軸を横切る点は

$$G(j\omega)H(j\omega) = \frac{-3K}{(1+\omega^2)(4+\omega^2)} + j\frac{K(\omega^2-2)}{\omega(1+\omega^2)(4+\omega^2)}$$

であるから，$\text{Im}\, G(j\omega)H(j\omega) = 0$ により，

$$\omega = \sqrt{2}$$

を得る．このとき，

$$\text{Re}\, G(j\omega)H(j\omega) = \frac{-K}{6}$$

であるから，$G(j\omega)H(j\omega)$ のベクトル軌跡が ω の増加する方向に向かって $(-1, j\cdot 0)$ の点を左に見るためには，

$$0 < K < 6$$

でなければならない．したがって，この K の範囲で制御系は安定となる．$K=6$ の場合丁度 $(-1, j\cdot 0)$ の点を通るので安定限界である．

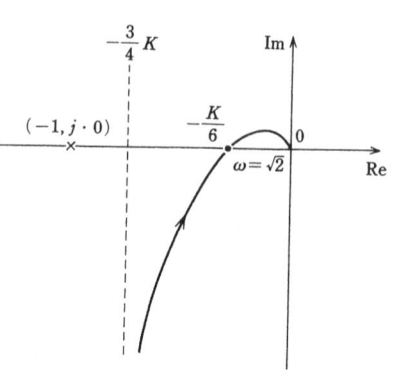

図 6.18 $K/(s(s+1)(s+2))$ のベクトル軌跡

演習問題

6.1 図 6.19 のフィードバック制御系の安定判別を行え．

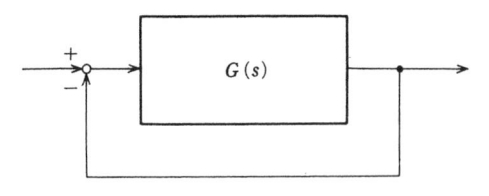

図 6.19 問題 6.1 の制御系

(1) $G(s) = \dfrac{2s}{(s+1)(s+3)}$ (2) $G(s) = \dfrac{10}{(s+1)(s+2)(s+0.1)}$

6.2 特性方程式が次の制御系の安定判別をラウス法で行え．また不安定根の数を求めよ．

(1) $s^3 + s^2 + 4s + 3 = 0$ (2) $s^4 + 3s^3 + 2s^2 + s + 1 = 0$ (3) $s^4 + s^3 + 2s^2 + 2s + 3 = 0$

6.3 制御系の特性方程式が次のように与えられているとき，フルビッツ法により安定

判別を行え．
　(1)　$s^3+4s^2+s+6=0$　(2)　$s^4+5s^3+6s^2+10s+7=0$

6.4　図6.20の制御系の安定判別をナイキスト法を用いて行え．

　(1)　$G(s)=\dfrac{1}{s(s+0.1)}$　$H(s)=\dfrac{1}{s+1}$

　(2)　$G(s)=\dfrac{4(3s+2)}{(s+1)(s-2)}$　$H(s)=\dfrac{1}{s+3}$

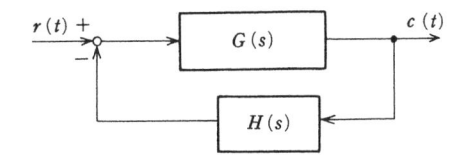

図6.20　問題6.4の制御系

6.5　次のような特性方程式の制御系が安定となる，a, bの範囲を求めよ．
　(1)　$s^4+3s^3+(a+4)s^2+5s+b=0$
　(2)　$as^3+4s^2+(b+3)s+6=0$
　(3)　$s^4+2s^3+(a-2)s^2+4s+3=0$

6.6　一巡伝達関数
$$G(s)H(s)=K/(s+1)(s+0.5)(s+3)$$
であるとき，ナイキスト法により $0<K<30$ の範囲の安定性を調べよ．

6.7　一巡伝達関数の周波数特性が表6.1のように得られた．閉ループ系の安定判別を行え．

表6.1　問題6.7のデータ

ω(rad/s)	ゲイン（数値）	位相（度）	ω(rad/s)	ゲイン（数値）	位相（度）
0.1	29.85	−96.3	1.5	1.10	−154.8
0.5	5.36	−119.4	1.7	0.88	−159.2
0.7	3.50	−129.0	2.0	0.66	−164.7
0.9	2.47	−137.0	3.0	0.30	−178.3
1.0	2.11	−140.7	5.0	0.11	−195.3
1.1	1.82	−144.0	7.0	0.05	−206.9
1.3	1.40	−149.8			

6.8　一巡伝達関数が $G(s)=K\omega_n^2/(s^2+2\zeta\omega_n s+\omega_n^2)$ のときいかなる $K(>0)$ について

も安定であることを簡単化されたナイキスト法を使って示せ.

6.9 各種安定判別法について,目的,使用する式,手順を表にまとめ比較せよ.

6.10 ナイキスト安定判別法において,一巡伝達関数が,

$$1/(s(s+1)(s+2))$$

であるとき,s の軌跡の閉曲線 C を図 6.17 の代わりに図 6.21 のように原点を含む閉曲線としたときにも同じ結論が得られることを示せ.

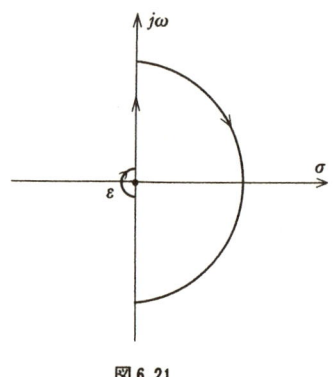

図 6.21

7 制御系の性能

本章では制御系の性能について述べる．自動制御系は目標の変化に速く応答し，平衡状態への収束性も速くかつ目標値と制御量とのずれが少ないことが望ましい．ここではこのような制御系の性能の良さについて説明する．

自動制御系は，
　目標値の変化に対する応答の速さ
　平衡状態への収束性の良さ
　定常状態での目標値と制御量との偏差
などで評価される．これは制御系の過渡応答波形から直観的に理解されることと思われる．しかしながら制御系の解析，設計の立場からは周波数特性で制御系の性能を示しておくと便利である．そこで安定性，速応性，定常特性を周波数特性で評価する方法について述べる．制御系の性能は閉ループ伝達関数の周波数特性で評価されるが，ナイキストの安定判別法のように開ループ伝達関数の周波数特性で評価できる特性もあるので，開ループと閉ループの伝達関数の周波数特性の関係を明らかにしておく．

7.1 開ループと閉ループの周波数特性

伝達要素の周波数特性の求め方や図式表現についてはすでに5章で述べた．ここでは図7.1の直結フィードバック系につい

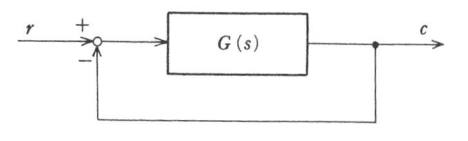

図7.1 直結フィードバック制御系

て，開ループの周波数伝達関数 $G(j\omega)$ と閉ループの周波数伝達関数 $W(j\omega)$ との関係を明らかにしておく．

図7.1の直結フィードバック系において閉ループの周波数伝達関数 $W(j\omega)$ は，

$$W(j\omega) = \frac{G(j\omega)}{1 + G(j\omega)} \tag{7.1}$$

であったから，$G(j\omega)$ が与えられれば式 (7.1) を計算し5章の手順を使って $W(j\omega)$ の周波数特性を得ることができる．しかしながら $G(j\omega)$ の周波数特性が得られれば直接式 (7.1) を使って閉ループ系の周波数特性は，

$$|W(j\omega)| = \left|\frac{G(j\omega)}{1 + G(j\omega)}\right| \tag{7.2}$$

$$\angle W(j\omega) = \angle G(j\omega) - \angle(1 + G(j\omega)) \tag{7.3}$$

で決まるので，$G(j\omega)$ の特性を知れば $W(j\omega)$ のゲイン，位相差は次の手順に従って容易に求められる．

（ステップ1） 開ループの周波数伝達関数 $G(j\omega)$ のベクトル軌跡を描く．

（ステップ2） $A(-1, j\cdot 0)$ 点から $G(j\omega)$ 上の点に直線を引く．たとえば，周波数 ω_1 の閉ループ系の周波数特性を得るためには，$G(j\omega_1)$ の点 B に直線を引けばよい．（図7.2参照）

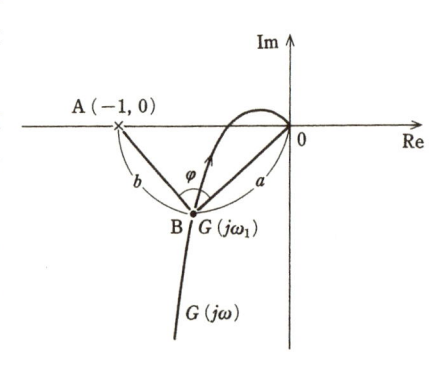

図7.2 開ループ特性と閉ループ特性

（ステップ3） 図7.2の $\overline{OB}=a$，$\overline{AB}=b$，角 $\varphi = \angle OBA$ を測定すれば，

$$\overline{OB} = |G(j\omega_1)| \qquad \overline{AB} = |1 + G(j\omega_1)|$$

$$\varphi = |\angle G(j\omega_1) - \angle(1 + G(j\omega_1))|$$

であるので，式 (7.2), (7.3) より閉ループ系の周波数 ω_1 におけるゲイン，位相差は各々，

$$|W(j\omega_1)|=\frac{a}{b} \tag{7.4}$$

$$\mathrm{sgn}\{\angle W(j\omega_1)\}=\varphi$$
(ただし sgn は $\angle W<0$ なら負符号,$\angle W>0$ なら正符号) (7.5)

で与えられる.

このような作図によって $G(j\omega)$ から $W(j\omega)$ の特性を知ることができるが,多くの周波数 ω に対して手順を繰り返すのは面倒である.そこで次の**等 M, N 線図**(constant M-N chart)を描いておくと便利である.

$G(j\omega)$ を実部と虚部に分けて,

$$G(j\omega)=x(\omega)+jy(\omega) \tag{7.6}$$

で表せるから,閉ループ系の周波数伝達関数 $W(j\omega)$ は,

$$W(j\omega)=\frac{x(\omega)+j\cdot y(\omega)}{1+x(\omega)+j\cdot y(\omega)} \tag{7.7}$$

のように書ける.$x(\omega)$ を x,$y(\omega)$ を y とおいてゲイン $|W(j\omega)|=M$ を一定とすると,

$$\sqrt{\frac{x^2+y^2}{(1+x)^2+y^2}}=M\,(一定) \tag{7.8}$$

となる.両辺を 2 乗して,

$$\frac{x^2+y^2}{(1+x)^2+y^2}=M^2$$

であるからこれを整理すると $M\neq 1$ では,

$$\left(x+\frac{M^2}{M^2-1}\right)^2+y^2=\frac{M^2}{(M^2-1)^2} \tag{7.9}$$

となる.これは,

$$中心座標 \quad \left(-\frac{M^2}{M^2-1},\,0\right) \tag{7.10}$$

$$半\quad 径 \quad \frac{M}{M^2-1} \tag{7.11}$$

の円の式である.また $M=1$ では式(7.8)より,

$$2x+1=0 \tag{7.12}$$

なる直線の式を得る. M に種々な値を代入して式 (7.10), (7.11) を計算した結果が表 7.1 であり, この値を使って複素平面上に等 M の円群を描いた図が図 7.3 である. これを**等 M 線図** (constant M) という. $x(\omega)+jy(\omega)$ は $G(j\omega)$ の点であり, M は $W(j\omega)$ のゲインを表しているから, 等 M 線図上に $G(j\omega)$ を描いて等 M 線との交点の M の値を読みとれば, その M の値は閉ループ系のゲイン $|W(j\omega)|$ となる.

次に $W(j\omega)$ の位相差一定となるものを考えてみる.

表 7.1 等 M 線の中心および半径

M	中心座標	半径	M	中心座標	半径
1.0	∞	∞	1.8	$(-1.45, 0)$	0.804
1.1	$(-5.76, 0)$	5.24	1.9	$(-1.38, 0)$	0.728
1.2	$(-3.27, 0)$	2.73	2.0	$(-1.33, 0)$	0.667
1.3	$(-2.45, 0)$	1.88	3.0	$(-1.13, 0)$	0.375
1.4	$(-2.04, 0)$	1.46	4.0	$(-1.07, 0)$	0.267
1.5	$(-1.80, 0)$	1.20	5.0	$(-1.04, 0)$	0.208
1.6	$(-1.64, 0)$	1.02	∞	$(-1, 0)$	0
1.7	$(-1.53, 0)$	0.899			

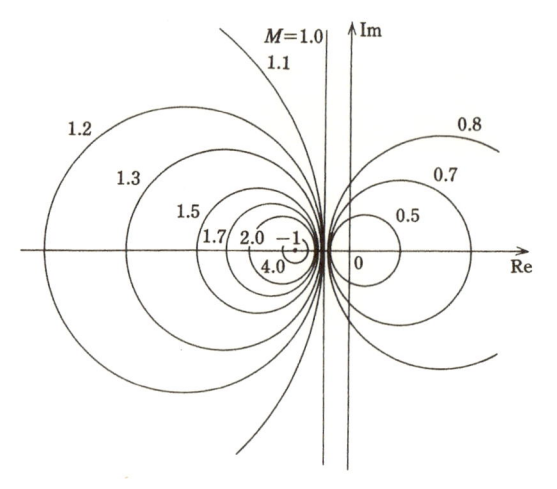

図 7.3 等 M 線図

$$\angle W(j\omega) = \angle \frac{x+j\cdot y}{1+x+j\cdot y}$$

$$= \angle \frac{x^2+x+y^2+jy}{(1+x)^2+y^2} \qquad (7.13)$$

であるから，$W(j\omega)$ の位相差 φ は

$$\tan \varphi = \frac{y}{x^2+x+y^2} \qquad (7.14)$$

となる．$\tan \varphi = N$ を一定として，両辺に x^2+x+y^2 を掛けて整理すると，

$$\left(x+\frac{1}{2}\right)^2 + \left(y-\frac{1}{2N}\right)^2 = \frac{1}{4}\cdot\frac{1+N^2}{N^2} \qquad (7.15)$$

である．これは，

$$\text{中心座標} \quad \left(-\frac{1}{2}, \frac{1}{2N}\right) \qquad (7.16)$$

$$\text{半　径} \quad \frac{1}{2}\cdot\frac{\sqrt{1+N^2}}{N} \qquad (7.17)$$

の円を表す．種々な N の値に対する中心座標，半径は表 7.2 のように計算さ

表7.2　等N線の中心および半径

N	φ(度)	中心座標	半 径	N	φ(度)	中心座標	半 径
∞	-90	$\left(-\frac{1}{2}, 0\right)$	$\frac{1}{2}$	0.364	20	$\left(-\frac{1}{2}, 1.37\right)$	1.46
-2.75	-70	$\left(-\frac{1}{2}, -0.182\right)$	0.532	0.577	30	$\left(-\frac{1}{2}, 0.867\right)$	1
-1.19	-50	$\left(-\frac{1}{2}, -0.420\right)$	0.653	1	45	$\left(-\frac{1}{2}, \frac{1}{2}\right)$	0.707
-1	-45	$\left(-\frac{1}{2}, -\frac{1}{2}\right)$	0.707	1.19	50	$\left(-\frac{1}{2}, 0.420\right)$	0.653
-0.577	-30	$\left(-\frac{1}{2}, -0.867\right)$	1	2.75	70	$\left(-\frac{1}{2}, 0.182\right)$	0.532
-0.364	-20	$\left(-\frac{1}{2}, -1.37\right)$	1.46	∞	90	$\left(-\frac{1}{2}, 0\right)$	$\frac{1}{2}$
0	0	$\left(-\frac{1}{2}, 0\right)$	∞				

れ，これを複素平面上にプロットしたものが図7.4である．これを**等N線図**（constant N）という．等N線図が円群となることは幾何学的にも図7.5を参考にすると，弦AOの張る円周角一定の軌跡という事実から容易に理解できよう．等N線図の使い方も等M線図の場合と同様である．具体的には次の例題を使って説明する．

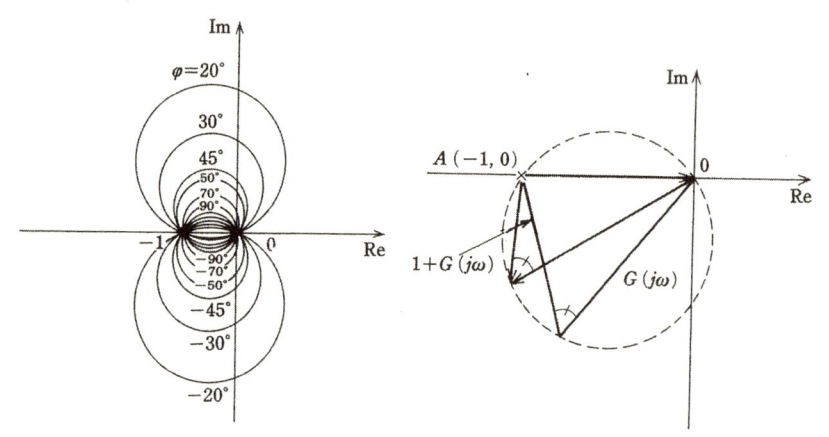

図7.4 等N線図

図7.5 $\angle(G(j\omega)/1+G(j\omega))$；一定の軌跡

[**例題7.1**] 図7.1の直結フィードバック系で $G(s)=1/(s(s+1))$ のとき，$\omega=1$，0.7に対する閉ループ系のゲイン，位相差を等M, N線図を使って求めよ．

（解答） 等M, N線図上に $G(j\omega)=1/(j\omega(1+j\omega))$ のベクトル軌跡をプロットすると図7.6のようになる．$\omega=1$(A点)，$\omega=0.7$(B点) rad/secのM, N値を図7.6から読めば，

$$|W(j\omega)||_{\omega=1}=1 \qquad \angle W(j\omega)|_{\omega=1}=-90°$$
$$|W(j\omega)||_{\omega=0.7}=1.15 \qquad \angle W(j\omega)|_{\omega=0.7}=-55°$$

が得られる．

等MN線図は単純な円群であるので容易に作図することができる．しかしながら広い周波数範囲にわたり図示するのに不向きである．そこで横軸に開ループ伝達関数 $G(s)$ の位相差，縦軸にゲインのデシベル値としたゲイン位相線図上に，

$$20\log|W(j\omega)| \text{；一定}$$
$$\angle W(j\omega) \qquad \text{；一定}$$

を表した曲線を描くことができ図7.7のようになる．これが**ニコルス線図**

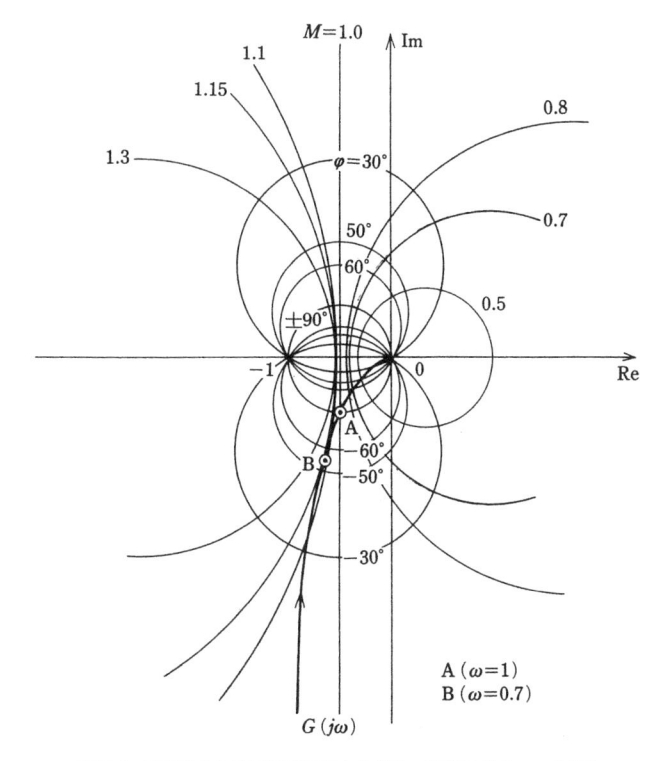

7.1 開ループと閉ループの周波数特性　129

図7.6　例題7.1の等MN線図による閉ループ系のゲイン，位相差

(Nichols chart) である．したがって開ループ伝達関数のゲイン位相線図とニコルス線図との間には，開ループ伝達関数のゲイン位相曲線をニコルス線図上にプロットし，これが等ゲイン，等位相の曲線と交わる点の値を読めば閉ループ伝達関数のゲインと位相差が得られるという関係にある．ニコルス線図の具体的な使い方を例題7.1と同じ例で説明しておく．

［**例題 7.2**］ 例題7.1の問題をニコルス線図を用いて解け．
（**解答**）　ニコルス線図上に $G(j\omega)=1/j\omega(1+j\omega)$ のゲイン位相曲線を描けば，図7.8のようになる．$\omega=1$，$\omega=0.7$ [rad/sec]の点はA点($\angle G(j\omega)|_{\omega=1}=-135°$，$20\log|G(j\omega)|_{\omega=1}=-3\mathrm{db}$)，B点 ($\angle G(j\omega)|_{\omega=0.7}=-125°$，$20\log|G(j\omega)|_{\omega=0.7}=1.4\mathrm{db}$) であるから各々の点の等ゲイン，等位相線の値を読むことによって

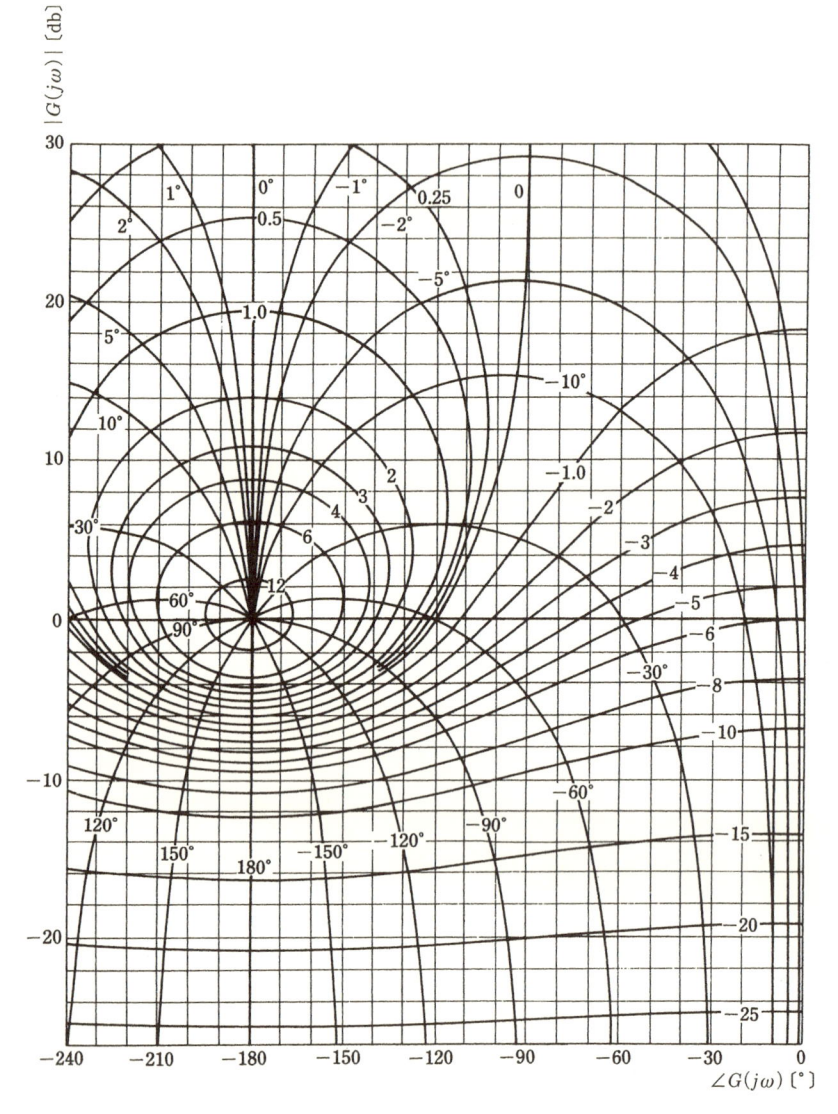

図7.7 ニコルス線図 $\begin{pmatrix}\text{ゲインは db 値である．通常数値で表示}\\ \text{するときには括弧を付して表す．}\end{pmatrix}$

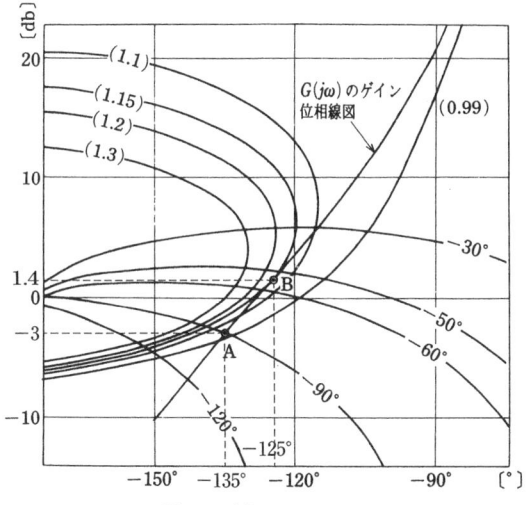

図7.8 例題7.2のニコルス線図

$$20 \log W(j\omega)|_{\omega=1} = 0 \text{ db} \quad (1)$$
$$\angle W(j\omega)|_{\omega=1} = -90°$$
$$20 \log W(j\omega)|_{\omega=0.7} = 1.2 \text{ db} \quad (1.15)$$
$$\angle W(j\omega)|_{\omega=0.7} = -55°$$

を得る.ただし( )内の数値はデシベル値を換算したものである.

7.2 安定度についての目安

　制御系が安定であることは不可欠であり,これを判定する方法についてはすでに前章で述べた.しかしながら単に安定であるというだけでは良い制御系とはいえない.図7.9の2次標準形のステップ応答波形から評価できるように$\zeta>0$の範囲ですべて安定であるが,ζの値が小さいと応答は振動的であり目標値付近に速く達するものの目標値に落ち着くのに長い時間を必要とする.逆にζの値が大きいと応答は振動的でなくなるが安定し過ぎて応答の敏捷さが失われる.いずれの場合にも良い制御系とはいえない.そこで制御系の良さを示す目安の1つとしてどの程度安定であるかという安定度がある.時間応答において安定度を示す尺度として減衰係数ζがあり,適用する制御系により異なる

が，サーボ機構では，

$$\zeta=0.4\sim0.7$$

の値が適正値とされている．自動制御系の解析，設計では周波数特性で安定度を表すことが多く，周波数特性による安定度を示す指標としてはゲイン余裕（gain margin），位相余裕（phase margin）や M_p 規範（peak gain criteria）がある．

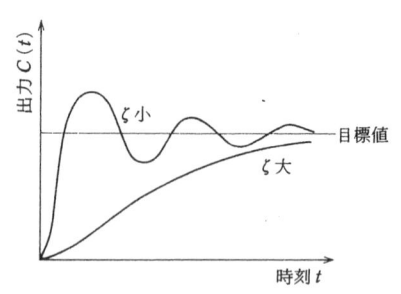

図7.9 $\zeta>0$ の2次系のステップ応答

A．ゲイン余裕，位相余裕

制御系の安定判別に使われた簡略化されたナイキスト法の一巡伝達関数のベクトル軌跡図7.10において，実軸との交点をB，原点を中心とする単位円との交点をCとする．このときB点を**位相交点**，C点を**ゲイン交点**という．すなわち，

　　位相交点（B）…位相差$-180°$となる点
　　ゲイン交点（C）…ゲイン1となる点

であり，ゲイン余裕，位相余裕は次のように定義される．

　　ゲイン余裕；あとどれだけゲインを増すと不安定となるかという量で図7.10の

$$20\log\frac{1}{\overline{OB}}=-20\log\overline{OB}=g_m \qquad (7.18)$$

である．

図7.10 ゲイン余裕，位相余裕
　　　　　(g_m)　　　(φ_m)

　　位相余裕；あとどれだけ位相が遅れると不安定になるかという量で，図7.10の

$$\angle BOC=\varphi_m \qquad (7.19)$$

である.

具体的に次の簡単な例題でゲイン余裕，位相余裕を求めてみよう.

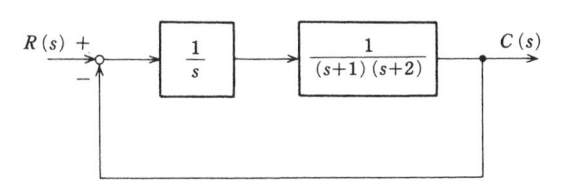

図7.11 例題7.3の制御系

[例題 7.3] 図7.11の制御系のゲイン余裕，位相余裕を求めよ.
(解答) 一巡伝達関数

$$G(s)H(s)=\frac{1}{s(s+1)(s+2)}$$

であるから，ナイキスト線図は図7.12のようになる．ナイキスト線図と実軸との交点 B は $(-1/6, j\cdot 0)$ であるからゲイン余裕

$$g_m=-20\log\overline{\mathrm{OB}}=20\log 6 \fallingdotseq 15.6 \ [\mathrm{db}]$$

を得る．

一方，ナイキスト線図と中心 O の単位円との交点 C を作図より求めこれを測れば位相余裕

$$\varphi_m=\angle\mathrm{BOC}\fallingdotseq 53.4°$$

を得る．

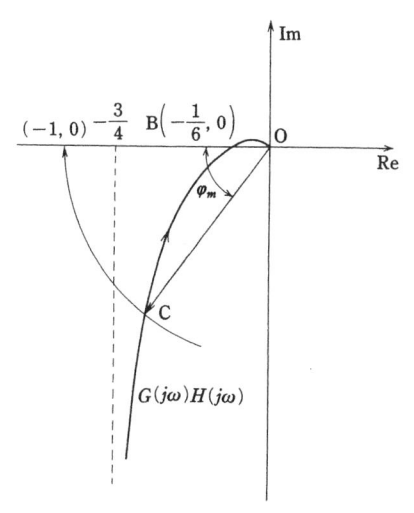

図7.12 ゲイン余裕，位相余裕

ボード線図やゲイン位相曲線からも位相余裕，ゲイン余裕は求められる．定義に従えば，ゲイン余裕は位相が $-180°$ のとき，ゲイン 1 すなわち，0 db になるのにどれ程の余裕があるかを示すものであるから，位相曲線が $-180°$ を横切る周波数（位相交点周波数）で，ゲイン曲線の値が 0 db になるまでのデシベル値，すなわち，図7.13のゲイン曲線上に示した値で

ある．位相余裕についてもゲインが1(0 db)のとき位相差 −180° になるのにどれ程の余裕があるか示すものであるから，ゲイン 0 db を横切る周波数（ゲイン交点周波数）で位相差 −180° になるまでの位相，すなわち，図7.13の位相曲線に示した量である．

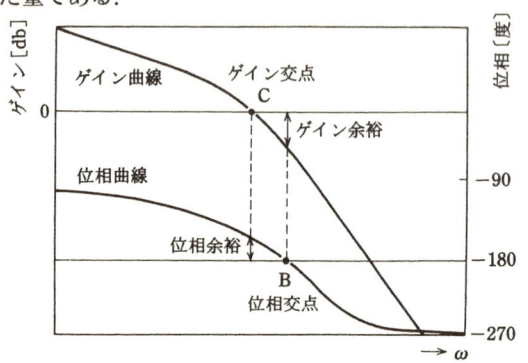

図7.13　ボード線図上のゲイン余裕，位相余裕

B.　M_p 規範

制御系の安定度を表すもう1つの目安として，閉ループ系の周波数伝達関数のゲインの最大値 (M_p) がある．直結フィードバック系の周波数伝達関数は開ループ伝達関数 $G(j\omega)$ であれば，

$$W(j\omega) = \frac{G(j\omega)}{1+G(j\omega)}$$

で与えられた．このとき M_p は $W(j\omega)$ のゲイン最大値

$$M_p = \left| \frac{G(j\omega)}{1+G(j\omega)} \right|_{max}$$

(7.20)

図7.14　閉ループ系のゲインの最大値 (M_p 値)

で定義される．

制御系の過渡応答で減衰の遅い場合，すなわち，特性根の中に虚軸に近接した根が存在する場合，ある ω の値に対し $|1+G(j\omega)|$ の値が小さくなり，M_p が非常に大きな値となる．このことは M_p の値が制御系の安定度にかかわりをもつことを示している．特に2次標準形においては M_p と減衰係数 ζ との間に

は次の関係がある．

二次標準形の閉ループ伝達関数 $W(s)=\omega_n^2/(s^2+2\zeta\omega_n s+\omega_n^2)$ を考える．

$$W(j\omega)=\frac{\omega_n^2}{\omega_n^2-\omega^2+j\cdot 2\zeta\omega_n\omega} \tag{7.21}$$

であるから，無次元量 $\omega/\omega_n=u$ を使って

$$|W(j\omega)|=\frac{1}{\sqrt{(1-u^2)^2+4\zeta^2 u^2}} \tag{7.22}$$

となる．$|W(j\omega)|$ の最大値 M_p は極値問題の解として得られるから $dM/du=0$ とする u によって計算できる．これより

$$u=\sqrt{1-2\zeta^2} \tag{7.23}$$

が得られ，これを式(7.22)に代入すると，

$$M_p=|W(j\omega)|_{\max}=\frac{1}{2\zeta\sqrt{1-\zeta^2}} \tag{7.24}$$

のように M_p と ζ との関係が得られる．また $u=\omega/\omega_n$ であったからピークゲインを与える**共振周波数** ω_p (resonant frequency) と ζ, ω_n との間には，

$$\omega_p=\sqrt{1-2\zeta^2}\,\omega_n \tag{7.25}$$

が成り立つ．このように2次系では減衰係数 ζ と M_p との間に明確な対応が成立している．

M_p の適正値は経験的に

$$1.2<M_p<1.6$$

ぐらいとされ，目標値の変化に追随するサーボ機構では $M_p=1.3$ 程度が用いられる．

直結フィードバック系の M_p は開ループ伝達関数 $G(s)$ の周波数特性と等 M 線図やニコルス線図を使って容易に求めることができる．

a) 等 M 線図を用いる場合：等 M 線図上に $G(j\omega)$ のベクトル軌跡を描き，これと接する等 M 線の M の値が M_p である．

b) ニコルス線図を用いる場合：ニコルス線図上に $G(j\omega)$ のゲイン位相曲線を描き，これと接する M の値が M_p である．

[例題 7.4] 直結フィードバック系において,

$$G(s)=\frac{10}{s(1+0.1s)}$$

であるとき M_p はいくらか. 等 M 線図, ニコルス線図を使って求めよ.

(解答) a) 等 M 線図を用いる方法

等 M 線図上に

$$G(j\omega)=\frac{10}{j\omega(1+j\cdot 0.1\omega)}$$

のベクトル軌跡を描けば図 7.15 のようになる. $G(j\omega)$ のベクトル軌跡をたどると M の値が最大となる $M_p=1.15$ が読みとれる.

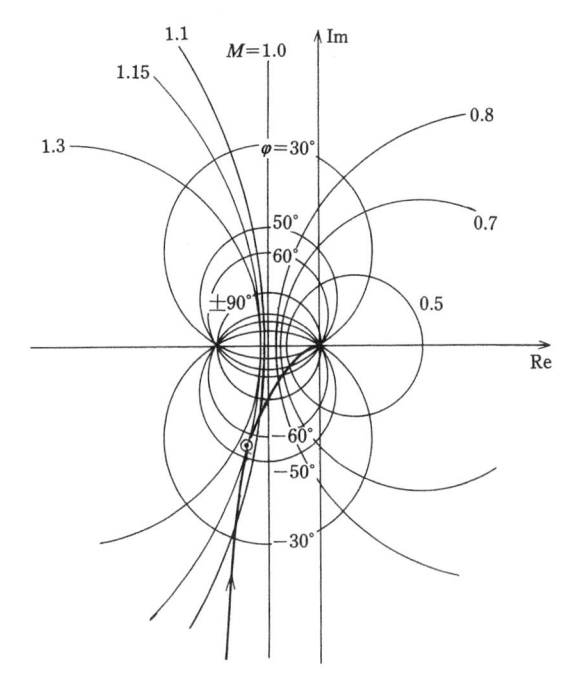

図 7.15 例題 7.4 のピークゲイン

b) ニコルス線図による方法

ニコルス線図上に $G(j\omega)$ のゲイン位相曲線を描けば図 7.16 のようになる. これより a) の場合と同様 M の値が最大となる $M_p=1.15$ が読みとれる.

図 7.16　例題 7.4 のピークゲイン

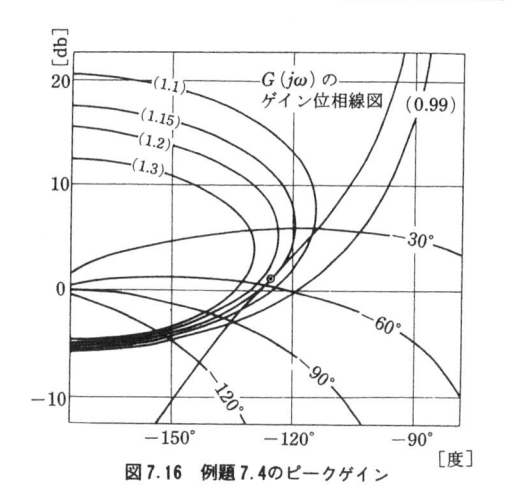

7.3　速応性についての目安

制御系は，目標値の変化に応じて適当な応答速度（敏捷性）をもつことが望ましい．たとえば，ロボットアームなどの回転する物体を目標の角度だけ回転させたい場合，安定度が強過ぎて指令目標値に到達するのが遅れれば高速性を要求されるときには用をなさない．したがって，応答の速さの観点からも制御系を評価する必要がある．応答速度の目安については時間応答が直観的で分かり易いのでこれをまず説明しよう．

制御系にステップ入力が加えられると一般に図 7.17 のような応答波形を描く．この応答波形を使って過渡特性を示す量が次のように定義される．

a)　最大行過ぎ量 (over shoot)

最大行過ぎ量は図 7.17 に示すように，出力値が定常値を越えた最大の値と定常値との差のことである．一般に行過ぎ量は応答の速い場合に大きくなり，この値が大きくなり過ぎる場合，安定度は劣化している．パーセントオーバーシュートと呼ばれる次の値

$$\frac{\text{最大出力値} - \text{定常値}}{\text{定常値}} \times 100 (\%)$$

を評価値として使うことが多い.

b) 立上り時間 (rising time T_r)
出力値が定常値の10%の値から90%の値(0から定常値で定義することもある.)に達するまでの時間

c) 遅れ時間 (delay time T_d)
出力値が定常値の50%に達するまでの時間

d) 整定時間 (settling time T_s)
図7.17に示すように出力値が定常値の許容範囲,通常±5%(または2%)に入るまでの時間

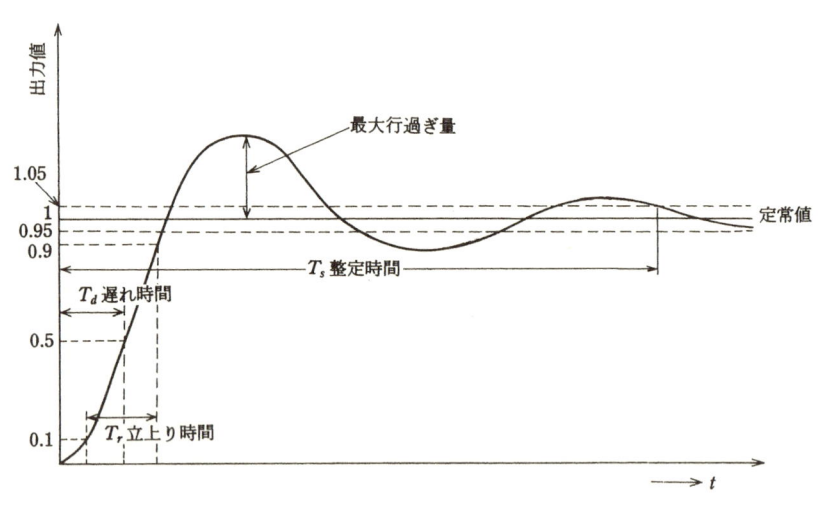

図7.17 時間応答と性能を示す諸量

e) 振幅減衰率 (damping factor of magnitude)
出力のオーバーシュトで隣り合う極値の比

以上のように過渡特性を評価する諸量が導入され,このうち速応性に関する目安を与えるものとして,立上り時間,整定時間,遅れ時間が用いられる.また最大行過ぎ量は安定度を示す目安として使われる.

設計,解析の立場からは応答波形によって速応性を評価するより周波数特性によって評価できる方が便利である.周波数特性による速応性の目安としては**帯域幅** (band width) や**共振周波数**がある.共振周波数 ω_p についてはすでに

述べたとおり，ピークゲインを与える周波数であり2次標準形では ω_n と式 (7.25) の関係にあった．

帯域幅は閉ループ系の周波数伝達関数のゲインが低周波域でのゲインに比べて3 db だけ低下する周波数のことをいう．これを数値で表すと低周波域でのゲインの $1/\sqrt{2}$ となる周波数を示すことになる（図 7.18 参照）．帯域幅

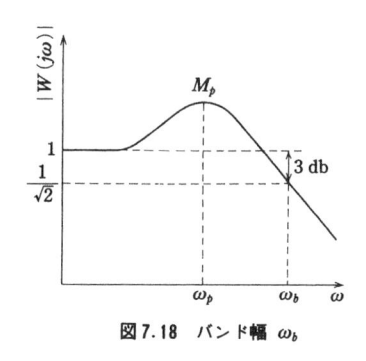

図 7.18 バンド幅 ω_b

(ω_b) が大きいことは高い周波数の入力に対してもゲインの低下を生じることなく追従できることを示し速応性が良い． $W(j\omega)$ が2次標準形の場合減衰係数 ζ，固有周波数 ω_n との間には次の関係がある．まず，

$$|W(j\omega)|_{\omega=\omega_b} = 1/\sqrt{2} \tag{7.26}$$

であるから，式 (7.22) にこれを代入して，

$$\frac{1}{\sqrt{\left(1-\frac{\omega_b^2}{\omega_n^2}\right)^2 + 4\zeta^2 \frac{\omega_b^2}{\omega_n^2}}} = \frac{1}{\sqrt{2}}$$

を得る．これより，

$$\omega_b = \omega_n \sqrt{1 - 2\zeta^2 + \sqrt{2 - 4\zeta^2 + 4\zeta^4}} \tag{7.27}$$

の関係が導ける．

共振周波数 ω_p およびバンド幅 ω_b とも閉ループ伝達関数の周波数特性による量であるが，開ループ伝達関数の周波数特性による評価値としてゲイン交点周波数 ω_c がある．直結フィードバック系では $|G(j\omega_c)| = 1$ であるから位相余裕 φ とすると，

$$|W(j\omega_c)| = \left|\frac{G(j\omega_c)}{1+G(j\omega_c)}\right| = \left|\frac{\cos(\varphi-180°) + j\sin(\varphi-180°)}{1+\cos(\varphi-180°) + j\sin(\varphi-180°)}\right|$$

であるので，

$$|W(j\omega_c)| = \sqrt{\frac{1}{2 - 2\cos\varphi}} \tag{7.28}$$

の関係が成立する．上式で位相余裕 φ が 0, 90° の場合には，

$$\lim_{\varphi \to 0} |W(j\omega_c)| = \infty \tag{7.29}$$

$$\lim_{\varphi \to 90°} |W(j\omega_c)| = 1/\sqrt{2} \tag{7.30}$$

であるから，位相余裕 0 のとき ω_c が ω_p に一致し，位相余裕 90° のとき ω_c が ω_b に一致する．ω_b，ω_p のいずれも速応性の目安を与えることから，ゲイン交点周波数も速応性の目安を与える尺度として使われ，ω_c が大きい程速応性は増すことになる．

7.4 定常特性

前節までの安定度，速応性は制御系の動的性能を評価するものであった．ここでは静的精度の良否を評価する尺度を導入する．制御系において制御量は速やかに目標値に近づき，目標値に完全に一致することが望ましい．しかしながらフィードバック制御系であっても必ずしも定常状態において目標値と制御量が完全に一致するとは限らない．たとえば，次の簡単な一次遅れ要素の直結フィードバック系を考える．

$$G(s) = \frac{4}{s+1}$$

この制御系に目標値として単位ステップ入力が加えられるとその出力値は，

$$c(t) = \mathcal{L}^{-1}\left[\frac{G(s)}{1+G(s)} \cdot \frac{1}{s}\right] = \mathcal{L}^{-1}\left[\frac{4}{5}\left(\frac{1}{s} - \frac{1}{s+5}\right)\right]$$

$$= \frac{4}{5}(1 - e^{-5t})$$

となるから，出力の応答波形は図 7.19 のようになり，十分時間が経過した定

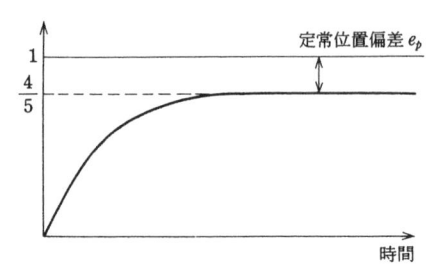

図7.19 $G(s)=4/s+1$ の直結フィードバック系のステップ応答

常状態においても $c(t)|_{t=\infty}=4/5$ であり目標値に一致しない．

このように目標値（入力）が加えられてから十分時間が経過して定常状態に落ち着いたときに残る目標値と制御量（出力）との偏差を**定常偏差**（off set）といい，これによって制御系の静的精度を評価する．

図7.20に示す一般的制御系の出力値は目標値と外乱項の和として，

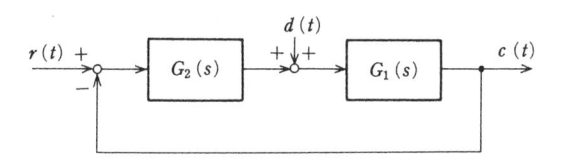

図7.20 制御系

$$C(s)=\frac{G_1(s)G_2(s)}{1+G_1(s)G_2(s)}R(s)+\frac{G_1(s)}{1+G_1(s)G_2(s)}D(s) \qquad (7.31)$$

のように得られるから，目標値と出力の誤差 $E(s)$ は

$$E(s)=\frac{1}{1+G_1(s)G_2(s)}R(s)-\frac{G_1(s)}{1+G_1(s)G_2(s)}D(s) \qquad (7.32)$$

となる．$E(s)$ の第1項は目標値による偏差であり第2項は外乱によるものである．定常状態の偏差は最終値の定理を用いて，

$$\lim_{t\to\infty}e(t)=\lim_{s\to 0}sE(s) \qquad (7.33)$$

により得られる．

A. 定常位置偏差

ステップ状の目標値に対する定常偏差を**定常位置偏差**（position error）という．式（7.32）において外乱項を零として，入力 $R(s)$ を大きさ r_0 のステップ入力とすると定常位置偏差 e_p は，

$$\begin{aligned}e_p&=\lim_{s\to 0}s\cdot\frac{1}{1+G_1(s)G_2(s)}\cdot\frac{r_0}{s}\\&=\lim_{s\to 0}\frac{1}{1+G_1(s)G_2(s)}\cdot r_0 \qquad (7.34)\end{aligned}$$

となる．ここで，

なる K_p を定義すると,

$$e_p = \frac{r_0}{1+K_p} \tag{7.36}$$

が得られる．この K_p は**定常位置偏差定数**（position error constant）と呼ばれる．

$$K_p = \lim_{s \to 0} G_1(s) G_2(s) \tag{7.35}$$

[**例題 7.5**]　開ループ伝達関数 $G(s)$ が,

$$G(s) = \frac{4}{s+1}$$

である直結フィードバック系の単位ステップ入力に対する定常位置偏差および定常位置偏差定数を求めよ．

（**解答**）　定常位置偏差定数は,
$$\lim_{s \to 0} G(s) = 4$$
であるから $K_p = 4$，さらに式 (7.36) に従って定常位置偏差,
$$e_p = 1/(1+K_p) = 1/5$$
となり，前の結果に一致する．

式 (7.36) から容易に分かるように K_p が大きい程 e_p は小さくなる．また開ループ伝達関数 $G(s) = G_1(s) G_2(s)$ に純積分項が存在すれば定常位置偏差は常に零となる．このことについては次節でも説明する．

B. 定常速度偏差・定常加速度偏差

図 7.21 (a) に示すようにランプ入力（定速度で目標値が変化する場合）に対する定常偏差を**定常速度偏差**（velocity error）という．目標信号は $r(t) = r_0 t$ で表され，このラプラス変換 $R(s)$ は $R(s) = r_0/s^2$ となるから定常速度偏差 e_v は，

$$e_v = \lim_{s \to 0} s \cdot \frac{1}{1+G(s)} \cdot \frac{r_0}{s^2} = \lim_{s \to 0} \frac{r_0}{sG(s)} \tag{7.37}$$

で算出される．

$$K_v = \lim_{s \to 0} sG(s) \tag{7.38}$$

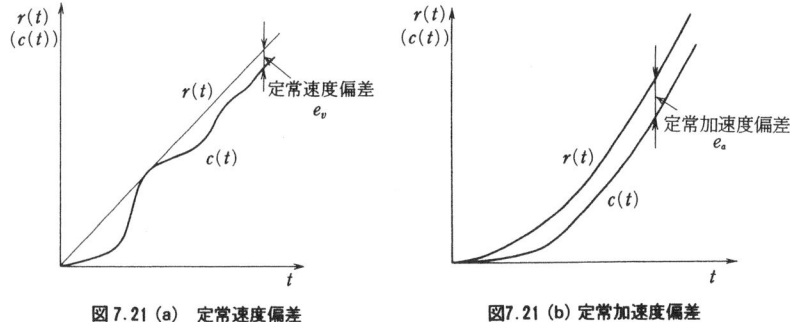

図7.21 (a) 定常速度偏差　　　　図7.21 (b) 定常加速度偏差

とおくと定常速度偏差は,

$$e_v = \frac{r_0}{K_v} \tag{7.39}$$

となる．ここでK_vは**定常速度偏差定数**（velocity error constant）と呼ばれる．

加速度一定で目標値が変化する場合の定常偏差を**定常加速度偏差**（acceleration error）という（図7.21 (b) 参照）．このとき $r(t) = r_0 t^2/2$ であるから $\mathscr{L}[r(t)] = R(s) = r_0/s^3$ となり，定常加速度偏差 e_a は

$$e_a = \lim_{s \to 0} s \cdot \frac{1}{1+G(s)} \cdot \frac{r_0}{s^3} = \lim_{s \to 0} \frac{r_0}{s^2 G(s)} \tag{7.40}$$

となる．

$$K_a = \lim_{s \to 0} s^2 G(s) \tag{7.41}$$

で定義される K_a を**定常加速度偏差定数**（acceleration error constant）と呼ぶ．これにより定常加速度偏差は,

$$e_a = \frac{r_0}{K_a} \tag{7.42}$$

となる．

C. 制御系の型と定常偏差

図7.20の制御系の開ループ伝達関数 $G(s) = G_1(s)G_2(s)$ は一般に次のような形で書ける．

$$G(s) = \frac{K(s^m + b_1 s^{m-1} + \cdots + b_m)}{s^p(s^n + a_1 s^{n-1} + \cdots + a_n)} \tag{7.43}$$

制御系の型は $G(s)$ の純積分 $1/s$ のべき数 p による分類で，$p=0$ のものを **0型**，$p=1$ のものを **1型**，さらに $p=2$ のものを **2型** という．制御系の型と定常偏差とは次のように密接な関係がある．

(a) 0型 ($p=0$) の場合 K_p, K_a, K_v はそれぞれ，

$$K_p = \lim_{s \to 0} G(s) = K \cdot \frac{b_m}{a_n} \tag{7.44}$$

$$K_v = \lim_{s \to 0} sG(s) = 0 \tag{7.45}$$

$$K_a = \lim_{s \to 0} s^2 G(s) = 0 \tag{7.46}$$

のようになる．

(b) 1型 ($p=1$) の場合

$$K_p = \lim_{s \to 0} G(s) = \infty \tag{7.47}$$

$$K_v = \lim_{s \to 0} sG(s) = K \cdot \frac{b_m}{a_n} \tag{7.48}$$

$$K_a = \lim_{s \to 0} s^2 G(s) = 0 \tag{7.49}$$

である．

(c) 2型 ($p=2$) の場合

$$K_p = \lim_{s \to 0} G(s) = \infty \tag{7.50}$$

$$K_v = \lim_{s \to 0} sG(s) = \infty \tag{7.51}$$

$$K_a = \lim_{s \to 0} s^2 G(s) = K \cdot \frac{b_m}{a_n} \tag{7.52}$$

となるから，定常偏差と型の関係をまとめれば表 7.3 のようになる．

表 7.3 制御系の型と定常偏差

制御系の型	定常位置偏差	定常速度偏差	定常加速度偏差
0	$r_0/(1+K_p)$	∞	∞
1	0	r_0/K_v	∞
2	0	0	r_0/K_a

さらに制御系の型は低周波域の周波数特性に関係するのでボード線図からこれを知ることができる．たとえば，0型ならば，ゲイン曲線の低周波域で勾配はなく位相の遅れもない．1型ならばゲイン曲線の低周波域で $-20\,\mathrm{db/dc}$ の勾配であり，位相も 90° 遅れる．

ゲイン K を大きくしたり，純積分要素を挿入することで定常特性は一般に向上する．しかしこれによって安定性や速応性が劣化するのでこれらの性能と適合させる必要がある．

[**例題 7.6**] 開ループ伝達関数 $G(s)$ が次のように与えられる直結フィードバック系の型と K_p, K_a, K_v を求めよ．

(1) $G(s) = \dfrac{4}{(s+1)(s+2)(s+0.5)}$ (2) $G(s) = \dfrac{10(s+1)}{s^2(s+3)}$

(**解答**) (1) $G(s)$ の形から $p=0$ であるので 0 型である．K_p, K_a, K_v は式 (7.44)〜(7.46) よりそれぞれ，

$$K_p = \lim_{s \to 0} \frac{4}{(s+1)(s+2)(s+0.5)} = 4$$

$$K_v = \lim_{s \to 0} \frac{4s}{(s+1)(s+2)(s+0.5)} = 0$$

$$K_a = \lim_{s \to 0} \frac{4s^2}{(s+1)(s+2)(s+0.5)} = 0$$

である．

(2) $G(s)$ の形から $p=2$ であるので 2 型である．K_p, K_v は式 (7.50), (7.51) より $K_p = \infty$, $K_v = \infty$ となる．K_a は次のように計算できる．

$$K_a = \lim_{s \to 0} \frac{10s^2(s+1)}{s^2(s+3)} = \lim_{s \to 0} \frac{10(s+1)}{(s+3)} = \frac{10}{3}$$

演習問題

7.1 一巡伝達関数 $G(s)$ のベクトル軌跡を実験値から図 7.22 のように得た．このとき，直結フィードバック系を構成し $\omega = 0.3$, 2 rad/sec の正弦波入力信号を入れた場合の定常出力信号のゲイン，位相差を求めよ．

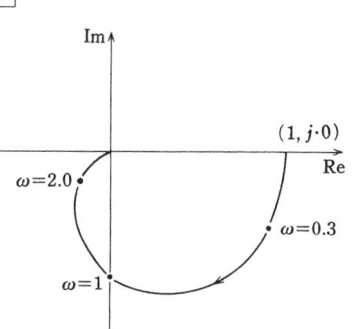

図 7.22 問題 7.1 の周波数特性

7.2 等 M, N 線図を作成せよ．

7.3 $G(s)=2/s(1+0.5s)$
であるとき，直結フィードバック系の $\omega=2$ rad/sec におけるゲイン，位相差を等 M, N 線図を使って求めよ．

7.4 図 7.23 の制御系の位相余裕，ゲイン余裕を求めよ．

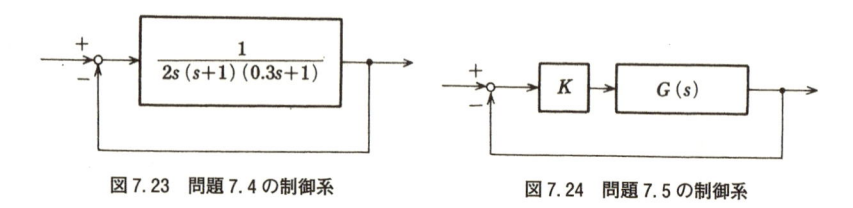

図 7.23　問題 7.4 の制御系

図 7.24　問題 7.5 の制御系

7.5 図 7.24 の制御系で $G(s)=1/s(1+0.5s)$ であるとき，$K=1$, $K=10$ の位相余裕，バンド幅を求めよ．また各々のステップ応答を比較してみよ．

7.6 $G(s)=6/s(s+2)(s+3)$ の直結フィードバック制御系の M_p を求めよ．

7.7 $G(s)$ が次のように与えられる直結フィードバック系のそれぞれの偏差定数を求めよ．

(1) $G(s)=\dfrac{4}{s(1+0.1s)(1+s)}$　　(2) $G(s)=\dfrac{5}{(1+0.1s)(1+0.5s)}$

7.8 図 7.25 (a)，(b) の制御系でステップ入力，ステップ外乱に対して定常出力値はどのようになるか．

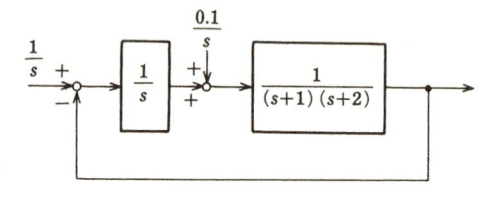

図 7.25 (a)　問題 7.8 の制御系

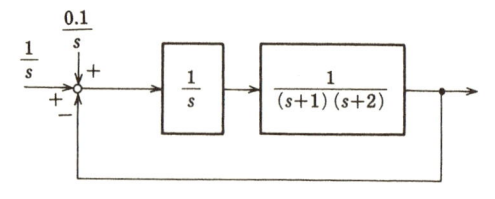

図 7.25 (b)　問題 7.8 の制御系

7.9 図 7.26 の制御系で,目標値 $r=t$ に対して定常速度偏差を 0.2 とすると位相余裕はいくらになるか.また定常速度偏差 0.05 とする安定な制御系が K の調整で達成できるか.

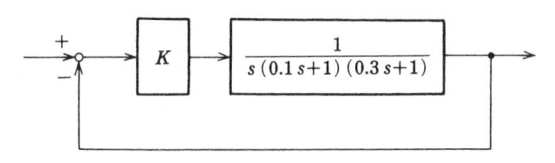

図 7.26 問題 7.9 の制御系

7.10 ゲイン位相線図上でゲイン余裕,位相余裕はどのように求められるか考察せよ.

8 制御系の補償

本章では，前章までに学んだ解析手法や望ましい制御系の特性に基づいた制御系の設計法，とくに制御系の特性改善のための補償の要領について述べる．

自動制御系の設計は設計仕様や制御方式に応じた要素の選定から始まり，非常に広範囲にわたる．そこで本章では制御系設計理論の中心となる補償法について学ぶことにする．制御系の特性を改善し望ましい制御系を構成する補償の要領には，ゲイン調整や直列補償，フィードバック補償がある．ゲイン調整は最も簡単であるが調整の自由度が少なく，速応性や安定性のように相反する要求もあり，これだけで満足のいく制御系が構成できることは少ない．このため直列補償要素を付加したり局所的なフィードバックを施す必要が生じてくる．周波数領域での補償法は，要素の付加やフィードバックによって制御系の周波数特性を試行錯誤的に変化させ，望ましい周波数特性に形成し直す要領で行われる．

8.1 自動制御系の設計の概要

自動制御系はサーボ機構や**プロセス制御系**などに分類され，それぞれ目的や扱う対象に特徴がある．サーボ機構では物体の位置や姿勢などを，目標とする位置や姿勢の変化に追従させる制御系であり，目標値の変化に応じて追従できる応答速度が要求される．一方，プロセス制御系では制御量となる温度や水位などを一定に保つ定値制御であり，応答速度はそれ程要求されず，外乱対策が重要になる．しかしながら基本的な制御系設計に差異はなく，いずれの場合に

も前章までの解析によって得られた評価項目,

   安定性

   速応性

   定常性

に対する仕様を満たすように設計される.

 ここではまずサーボ機構の設計手順の概要について述べる.

 サーボ機構の設計は通常次の手順で行われる.

 手順1 仕様の決定；制御系の性能，機能上の仕様を定める.

 手順2 構成要素の選定；要求される仕様に応じて制御系の構成する要素を選定する.

 たとえば，駆動源のモータについては要求される発生トルクや動力源など，検出器については精度や制御方式などからの要求を考慮に入れて選定する.

 手順3 要素の伝達関数の決定；制御系の解析，設計に必要な構成要素の伝達関数を決定する.

 手順4 制御系の特性解析；制御系のブロック線図を構成して，その特性を解析する.

 手順5 制御系の特性改善；変更可能なパラメータ（ゲイン）の調整や補償を施して制御系の特性を仕様に合致するように改善する.

 補償方式を適当に選定して仕様が満たされなければ，構成要素の選定から変更し再び同様の手順を繰り返す．設計においては構成要素，制御系の構成法，補償の方式など多種多様であり一度の設計で適当な制御系が得られるということはない.

 概略の制御系設計手順の流れを述べたが，構成要素の選定や制御系全体の構成については対象とする個々の問題として多岐にわたるので，ここでは次節以後で，制御系の特性上の仕様に対しこれを満足させる補償法について説明することにする.

 プロセス制御系では調節計として比例（P），積分（I），微分（D）動作を組み合せたものが市販され，サーボ系にも広く使われる．このPID制御については，章の最後の節で，特徴や設計パラメータの決定要領について述べる.

8.2　ゲイン調整

ゲイン調整は制御系内で変更可能なゲインを調節して所望の仕様を満足させようとする方法である．たとえば，直流サーボモータを用いたサーボ系図 9.1

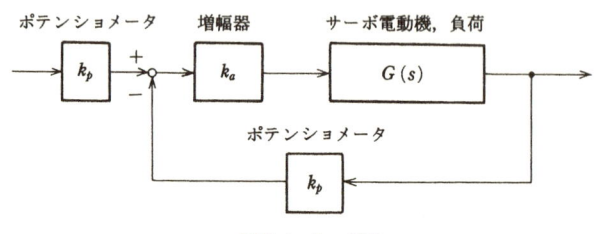

図 8.1　サーボ系

のブロック線図において，偏差信号の増幅度の加減を増幅器によって調整し望ましい応答を得ようとするもので最も簡単である．ゲイン調整によって制御系の特性を改善する 2, 3 の具体的手順を説明する．

A. M_p 規範によるゲインの調整法

図 8.2 の直結フィードバック系で，制御対象の伝達関数 $G(s)$ と要求される仕様として M_p 値が与えられるとき，閉ループ系が仕様の M_p 値となるゲイン K は次の手順で決定できる．

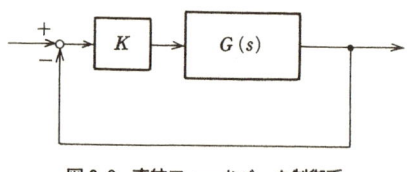

図 8.2　直結フィードバック制御系

a) ベクトル軌跡を用いる方法

（ステップ 1）次の角度 ϕ

$$\phi = \sin^{-1}(1/M_p) \tag{8.1}$$

を求め，原点 O から負の実軸となす角 ϕ となる直線 OA を引く．

（ステップ 2）$G(j\omega)$ のベクトル軌跡を描く．

（ステップ 3）実軸上に中心を持ち，ステップ 1 で描いた直線 OA とステップ 2 で描いたベクトル軌跡の両方に接する円を図 8.3 のように描く．

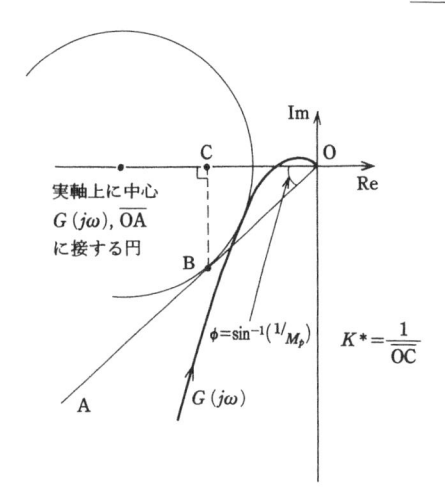

図 8.3 ベクトル軌跡によるゲイン決定

（ステップ4） ステップ3で得た円とステップ1で得た直線OAとの接点をBとし，Bから実軸に垂線を下した点をCとする．このとき希望のM_pを与えるゲインK^*は

$$K^* = 1/\overline{OC} \quad (8.2)$$

で得られる．

[例題 8.1] 図 8.2 の制御系で，

$$G(s) = \frac{1}{s(1+0.5s)}$$

であるとき$M_p = 1.3$とするゲインKを求めよ．

（解答） 前述の手順に従ってKを求める．

（ステップ1） ϕは，

$$\phi = \sin^{-1} \frac{1}{1.3} = 50.3°$$

であるから，図 8.4 のように直線OAを引くことができる．

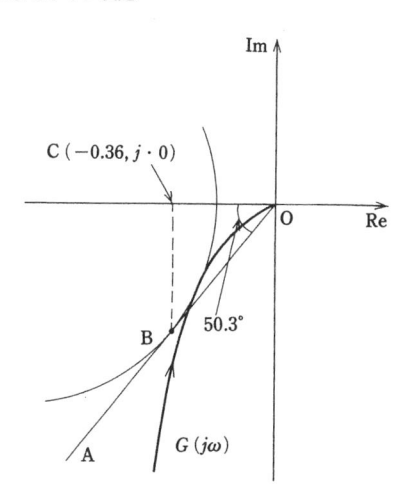

図 8.4 ベクトル軌跡によるゲイン調整の例題

（ステップ2） $G(j\omega)$ のベクトル軌跡は，

$$G(j\omega) = \frac{-0.5\omega - j}{\omega(1 + 0.25\omega^2)}$$

より容易に図 8.4 のように描ける．

（ステップ3） OA と $G(j\omega)$ のベクトル軌跡の両方に接する円が図 8.4 のように得られる．

（ステップ4） 図 8.4 の接点 B より垂線を下した C 点の座標は，

C(−0.36, 0)

であるから，ゲイン K^* は，

$K^* = 1/|-0.36| \fallingdotseq 2.8$

のように求められる．

上述の手順は次のようにして導き出される．

等 M 線図は中心 $P(M^2/(1-M^2), j\cdot 0)$，半径 $R = |M/(1-M^2)|$ の円群であるから，図 8.5 によって原点 O から等 M 線に引いた接線 OA と負の実軸となす角 ϕ は，

$$\sin\phi = \frac{\overline{PB}}{\overline{OP}} = \frac{1}{M} \tag{8.3}$$

の関係にある．したがって，

$$\phi = \sin^{-1}(1/M_p)$$

を満たす直線 OA は等 M_p 線に対する接線である．また接点 B から実軸に垂線を下した点 C の座標は図 8.5 から明らかに，

$$\frac{M_p^2}{1-M_p^2} - \frac{M_p}{1-M_p^2}\sin\phi$$

$$= \frac{M_p^2}{1-M_p^2} - \frac{M_p}{1-M_p^2} \cdot \frac{1}{M_p}$$

$$= -1 \tag{8.4}$$

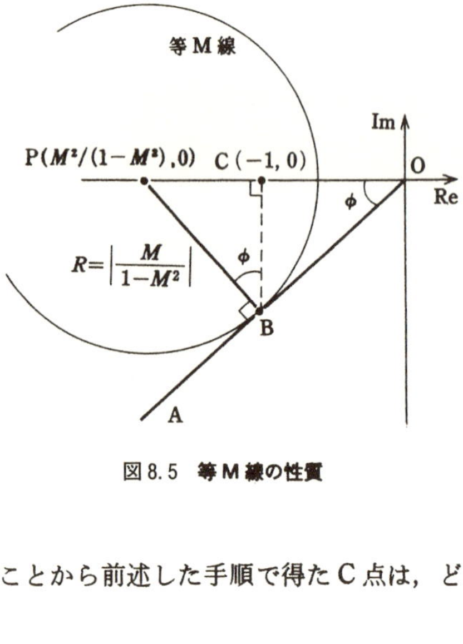

図8.5 等 M 線の性質

で常に $(-1, j\cdot 0)$ の点となる．このことから前述した手順で得た C 点は，ど

れだけ縮小した座標の等M_p線にベクトル軌跡が接するかを求めることになるから，C点の座標の絶対値の逆数を求めることはもとの座標の等M_p線にベクトル軌跡が接するように拡大するゲインKを求めることになる．つまり与えられたM_pに$KG(j\omega)$のベクトル軌跡が接するようにKを求める代わりに等M_p線図の座標を縮小，拡大することでゲインKを求めていることになる．

b) ニコルス線図を用いる方法

（ステップ1） $G(j\omega)$のゲイン位相線図をニコルス線図上にプロットする．

（ステップ2） ステップ1のゲイン位相線図をニコルス線図上で所望の等M_p曲線に接するように平行移動する．

（ステップ3） ステップ2で得た移動量が求めるゲインである．これはデシベル値で得られるためにこれを数値に換算すれば所望のゲイン値Kを得る．

この手順はゲインの増減がニコルス線図上で上下の平行移動量として表される性質を直接使ったものである．

[**例題 8.2**] 例題8.1の問題をニコルス線図を使って解け．

（解答） $G(j\omega) = \dfrac{1}{j\omega(1+j\cdot 0.5\omega)}$

のゲイン位相線図をニコルス線図上にプロットすると図8.6のⓐのように得られる．

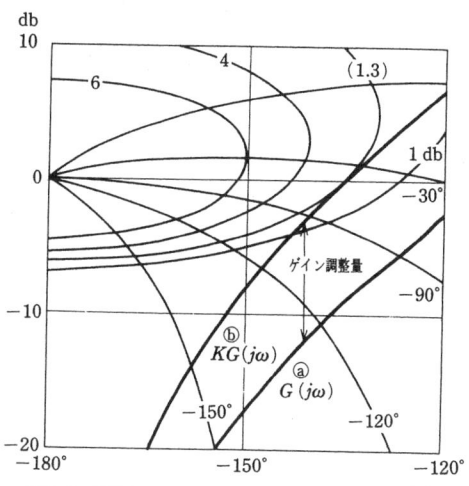

図8.6 例題8.2のニコルス線図によるゲイン決定

この曲線を，
　　　　8.6 db
平行移動すれば ⓑ のように $M_p=1.3$ に接するので，この 8.6 db を数値に換算して
　　　　$K \doteqdot 2.8$
を得る．

B. 位相余裕によるゲインの調整法

位相余裕が仕様として与えられる場合に，ゲイン調整によってこれを満たす制御系を構成するには次のようにすれば良い．

（ステップ1）　一巡伝達関数 $G(j\omega)$ のボード線図を描く．
（ステップ2）　希望の位相余裕となるようにゲイン曲線を図8.7のように上下に平行移動する．
（ステップ3）　ゲイン曲線の平行移動量（デシベル値）を数値に換算する．

同様の手順はゲイン位相曲線によっても可能であるし，ベクトル軌跡を使って求めることもできる．

ゲイン調整は最も簡単な設計法の1つであるが，これはゲインだけが全周波数にわたり同じ量だけ変化してしまうので，ゲインを増大させれば速応性や定常特性は改善されても安定性が劣化する．両者の特性を満足させるような特性改善が必要な場合にはゲイン調整だけでは良い設計ができなくなる．

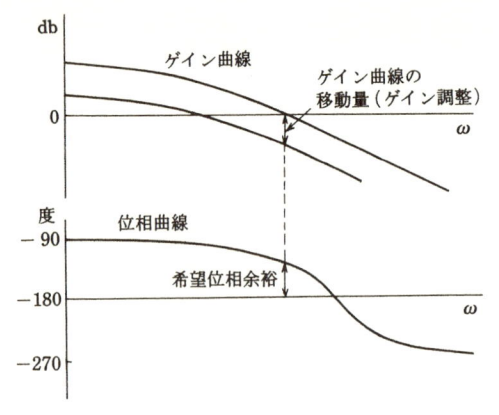

図8.7　希望位相余裕とするゲイン調整

8.3 補償の概念と種類

直結フィードバック制御系において，すでに7章で述べたことから制御系の一巡伝達関数の周波数特性が概略次のようになることが望ましい．

安定性　適当な減衰を与えるためには位相余裕は40°程度存在する

速応性　ゲイン交点周波数は大きい程速応性は良いが，高周波域での外乱の影響を除去するためには大き過ぎないことが必要である．

定常性　定常偏差を小さくするためには低周波域でのゲインは大きい方が良い．

与えられた制御系では必ずしもこのような望ましい特性を持つことはない．そこで制御系の補償は制御系の一巡伝達関数が上で述べた望ましい周波数特性となるように形成しなおすことになる．ゲイン調整だけでは全周波数にわたりゲイン曲線がボード線図上で平行移動するだけであるから周波数特性を自在に変えることはできない．

一巡伝達関数の周波数特性を形成しなおす補償法には，図8.8のように補償要素（$G_c(s)$）を直列に配置する**直列補償**と，図8.9のように主フィードバッ

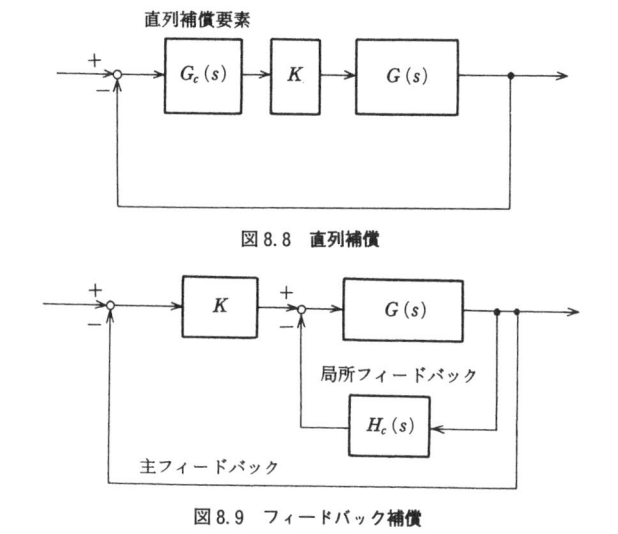

図8.8　直列補償

図8.9　フィードバック補償

ループの内側にフィードバックループを構成する**フィードバック補償**がある.

直列補償では内挿する補償要素の特性により**位相遅れ補償**(phase lag compensation), **位相進み補償**(phase lead compensation), **位相進み遅れ補償** (phase lead lag compensation) がある. 各々特徴ある特性をもち一巡伝達関数の周波数特性を変更することができる.

A. 直列補償
a. 位相遅れ補償
伝達関数 $G_c(s)$ が

$$G_c(s) = \frac{1+Ts}{1+\alpha Ts} \quad \alpha > 1 \tag{8.5}$$

である補償要素を位相遅れ補償要素という. この要素の周波数特性は図8.10のようになる. 周波数の全域で位相が遅れることから位相遅れ要素と呼ばれ, $\omega > 1/T$ の高い周波数ではゲインが低下しており低周波濾過特性をもつ. この補償要素は図8.11の回路で構成できる. この回路の伝達関数は,

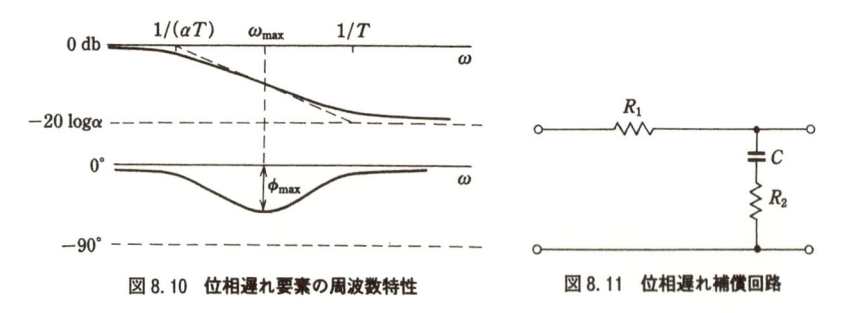

図8.10 位相遅れ要素の周波数特性

図8.11 位相遅れ補償回路

$$\frac{E_0(s)}{E_i(s)} = \frac{1+R_2Cs}{1+\dfrac{R_1+R_2}{R_2} \cdot R_2Cs} \tag{8.6}$$

であるから, $R_2C=T$, $(R_1+R_2)/R_2=\alpha(\alpha>1)$ とおくと式(8.5)の形の伝達関数となる.

伝達関数, 式(8.5)から位相遅れ要素の位相差 ϕ は,

$$\phi = \tan^{-1}\frac{(1-\alpha)\omega T}{1+\alpha T^2\omega^2} \tag{8.7}$$

である．またボード線図8.10より最大位相遅れは折点周波数 $1/(\alpha T), 1/T$ の対数目盛の中間であるから，最大位相遅れとなる周波数 ω_{max} は

$$\log \omega_{max} = \frac{1}{2}\left(\log \frac{1}{\alpha T} + \log \frac{1}{T}\right) \tag{8.8}$$

あるいは,

$$\omega_{max} = \frac{1}{\sqrt{\alpha} T} \tag{8.9}$$

である．これを式 (8.7) に代入すれば最大位相遅れ ϕ_{max} は

$$\phi_{max} = \tan^{-1} \frac{1-\alpha}{2\sqrt{\alpha}} \tag{8.10}$$

あるいは

$$\phi_{max} = \sin^{-1} \frac{1-\alpha}{1+\alpha} \tag{8.11}$$

の関係があり，補償の際，α, T 決定の目安となる．

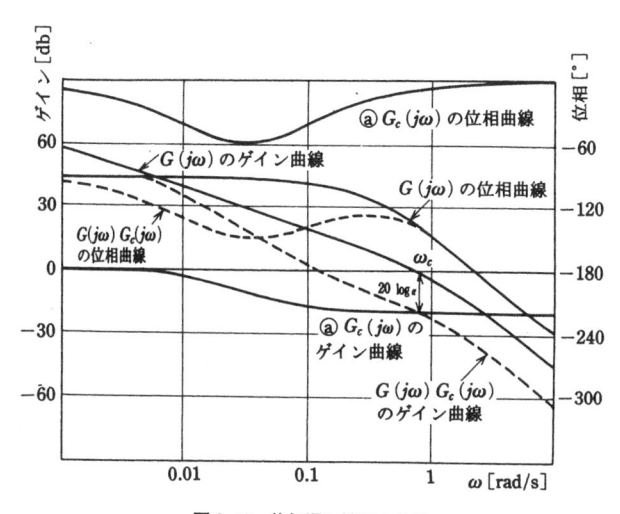

b．位相遅れ補償の効果

位相遅れ補償の効果について説明しよう．直結フィードバック制御系の一巡伝達関数 $G(s)$ のボード線図が図8.12のように与えられるものとする．この

図8.12 位相遅れ補償の効果

制御系で定常特性を改善することを考える．定常特性の改善のためには低周波域でのゲインを増大させれば良いがゲイン調整だけではゲイン曲線が全周波数で増大するので安定性が損なわれる．そこで $G(j\omega)$ のゲイン交点周波数での位相差をそのままにして，ω_c より十分低い周波数で位相の遅れる図 8.12 の ⓐ の特性をもつ補償要素 $G_c(s)$ を直列に結合する．$G(j\omega)G_c(j\omega)$ の周波数特性は図 8.12 の破線のようになり，補償前のゲイン交点周波数近傍の位相を変えることなく，ゲインが約 $20\log\alpha$ だけ減少している．したがって補償要素挿入後ゲイン調整により $20\log\alpha$ だけゲインを増大させても図 8.13 のように安定性を損なうことがない．しかもこのとき低周波域のゲインも $20\log\alpha$ だけ増大しているので定常特性は改善される．

上の例で述べたことから分かるように，位相遅れ要素によって定常特性を向上させる要因は補償前のゲイン交点周波数近傍の位相をそのままにして，ゲインを低下させ，この分のゲインを稼ぐ点にある．補償要素のパラメータ α, T の値の決め方は，希望の定常特性の改善の度合によって決められるが，目安として $\alpha=10$, T はもとの系の時定数に比べ十分大きくなるように選定される．

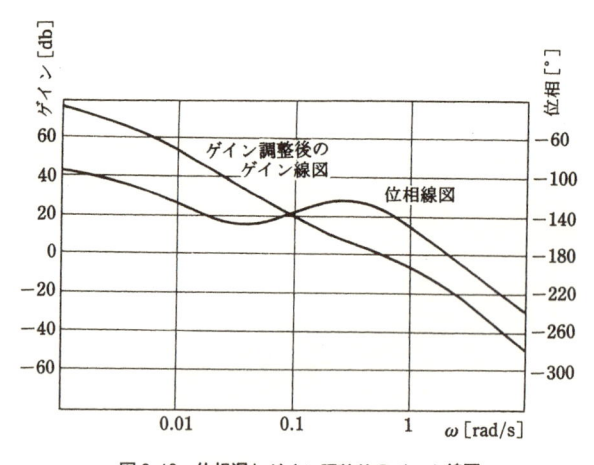

図 8.13 位相遅れゲイン調整後のボード線図

[例題 8.3] 図 8.14 の制御系において，位相余裕が 40° 以上，速度偏差定数 $K_v=7$ とする制御系を構成せよ．

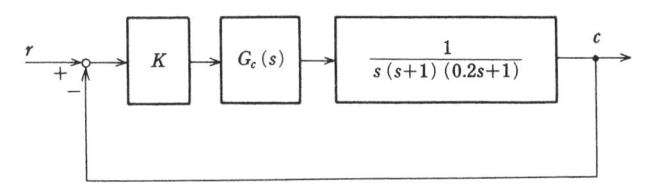

図8.14 例題8.3の制御系

（解答） 補償のない場合一巡伝達関数のボード線図は図8.15のように得られる．この場合，要求される位相余裕を満足しているが，速度偏差定数$K_v=1$であるから定常特性が要求される仕様を満たしていない．ここでゲイン調整によって定常特性を改善しようとすれば，位相余裕は40°以下となる．そこで位相遅れ補償を施して定常特性の改善を図る．

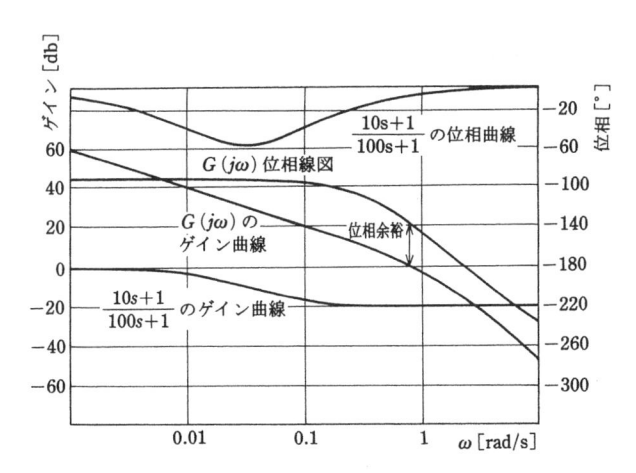

図8.15 例題8.3の制御対象，位相遅れ要素のボード線図

図8.15のボード線図で$\omega=0.7$付近の位相を変化させずにゲイン曲線を下げるため$\alpha=10$，Tを$G(s)$の時定数の大きいものより十分大きく10として，位相遅れ補償，

$$G_c(s)=\frac{1+10s}{1+100s}$$

と選んでみる．このとき$G_c(s)G(s)$のボード線図は図8.16のようになり，ゲインを約19db上げても位相余裕40°が保たれる．そこで$K=7～9$程度に選んで図8.16の制御系を構成すればゲイン余裕，定常特性共に仕様を満たすよ

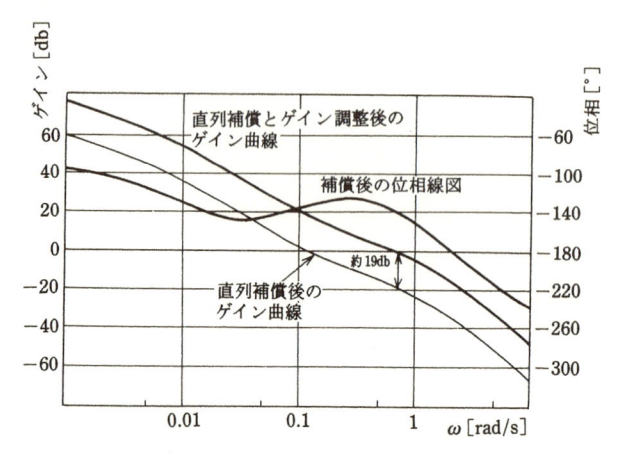

図8.16 例題8.3の補償後のボード線図

うにできる.

この例では α, T の値は一度の試行で選定されているが, 一般には α, T は仕様を満たすように試行が繰り返され適当なものが選ばれる.

c. 位相進み補償

伝達関数 $G_c(s)$ が

$$G_c(s) = \frac{\alpha(1+Ts)}{1+\alpha Ts} \qquad \alpha < 1 \tag{8.12}$$

である補償要素を位相進み補償要素という. この要素の周波数特性は図8.17のようになる. 周波数の全域で位相が進むので位相進み要素と呼ばれ, 低い周波数でゲインが一様に $20 \log \alpha$ だけ低下する. 位相進み要素は図8.18の回路で構成できる. 図8.18の回路の伝達関数は,

$$\frac{E_0(s)}{E_i(s)} = \frac{R_2}{R_1+R_2} \cdot \frac{1+R_1Cs}{1+\dfrac{R_2}{R_1+R_2} \cdot R_1Cs} \tag{8.13}$$

となるから, $R_2/(R_1+R_2) = \alpha$ ($\alpha<1$), $R_1C = T$ とおくと式 (8.12) の形の伝達関数を実現できる.

ボード線図の形から式 (8.9), (8.11) と同様に最大位相進みとなる周波数 $\overline{\omega}_{\max}$ は,

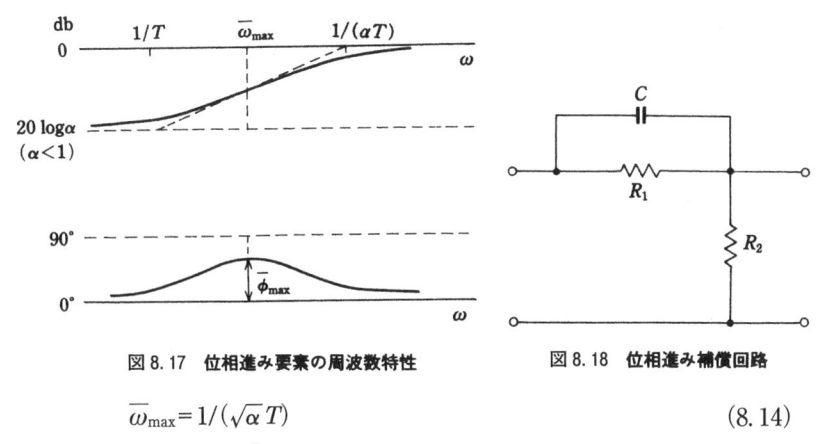

図 8.17 位相進み要素の周波数特性

図 8.18 位相進み補償回路

$$\overline{\omega}_{\max}=1/(\sqrt{\alpha}\,T) \tag{8.14}$$

であり，最大位相進み $\overline{\phi}$ は，

$$\overline{\phi}_{\max}=\sin^{-1}\frac{1-\alpha}{1+\alpha} \tag{8.15}$$

となる．

d．位相進み補償の効果

直結フィードバック系の一巡伝達関数 $G(j\omega)$ のボード線図が図 8.19 のよ

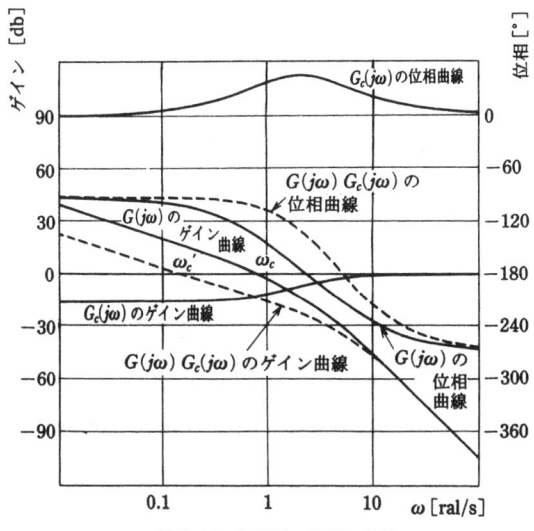

図 8.19 位相進み補償の効果

うに得られたとしよう．この制御系でゲイン調整によってゲインを増せばゲイン交点周波数 ω_c は高くなり速応性を増すことができる．しかし安定性との兼ね合いからゲインをそれ程増すことはできない．そこで補償前のゲイン交点周波数 ω_c 付近の位相を十分進めるよう α, T を調整して位相進み補償を直列結合すると，補償器挿入後の周波数特性は図8.19の破線のようになる．このとき補償後のゲイン交点周波数 ω_c' は補償前の ω_c より，左側に移動し低くなるが，ω_c 近傍の位相は十分進んでいるので補償前の位相余裕となるようゲイン調整すれば新しいゲイン交点周波数は図8.20のように ω_c より高くすることができて速応性を増すことが可能になる．

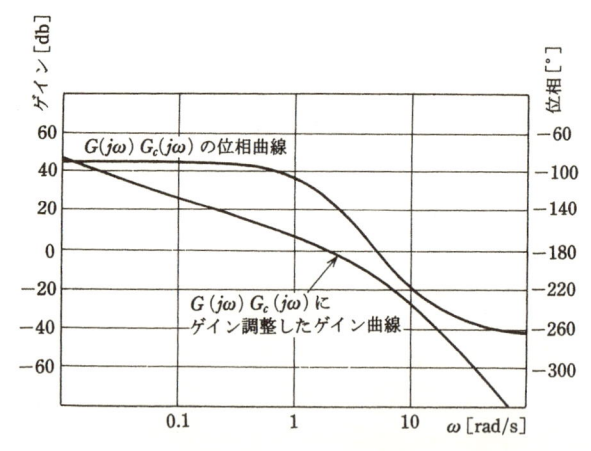

図 8.20 位相進み補償，ゲイン調整後のボード線図

位相進み補償はゲイン交点周波数付近の位相を進め，安定性や速応性を改善する効果がある．

[例題 8.4] 例題 8.3 の制御系で $\omega_c = 2\,\text{rad/sec}$，位相余裕 40°以上の仕様を満たすように制御系を構成せよ．

（解答） ボード線図 8.21 から位相余裕 40°以上保つためにはゲイン調整だけではせいぜい $\omega_c = 0.8\,\text{rad/sec}$ までが限度である．そこで位相進み補償を考える．図 8.21 から $\omega = 2$ 付近の位相差は $-175°$ 程度であるから，やや余裕をみて $\omega = 2$ の位相が約 45°進むように位相進み補償を施すことにする．式（8.15）より最大位相進み 45°とすると，

$$\frac{1}{\sqrt{2}} = \frac{1-\alpha}{1+\alpha}$$

となるから，$\alpha=1/6$ と選ぶことにする．次にパラメータ T は式 (8.14) より，

$$\frac{1}{\sqrt{\alpha}T} = 2$$

であるから $T=2.449/2$ となるので，ここではこれに近い値，$T=1.25$ を選ぶ．αT は約 0.2 であるから位相進み補償要素を，

$$\frac{1}{6}\frac{1+1.25s}{1+0.22s}$$

としてみよう．この補償要素の特性は図 8.21 に示すようになる．したがって直列補償

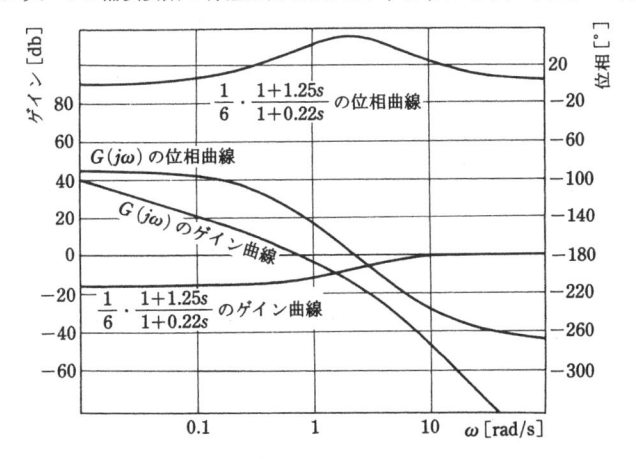

図 8.21　例題 8.4 の制御対象，位相進み要素のボード線図

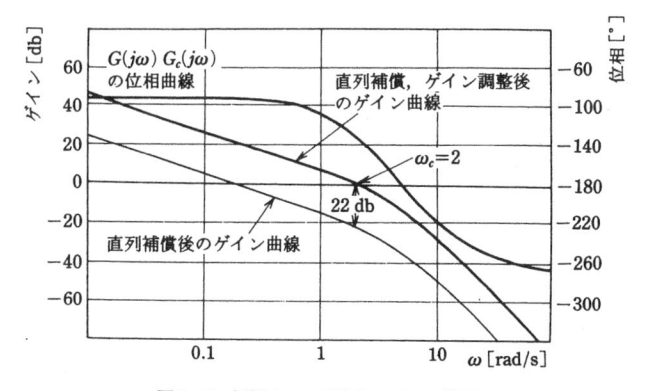

図 8.22　例題 8.4 の補償後のボード線図

後のボード線図は図8.22のように描け，ゲイン調整によって$\omega_c=2$となるように$22=20\log K$とするKを求めれば，

$$K=12.6$$

とできる．ゲイン調整後のボード線図は図8.22の太線のようになり，位相余裕は40°以上であるから仕様を満たすことになる．

e．補償要素の選択

位相遅れ，位相進み補償要素の効果をまとめれば表8.1のようになる．

表8.1 補償要素の効果の比較

補償要素	低周波域での ゲインの増大	安定性	速応性
位相遅れ要素	大	劣化	やや悪化
位相進み要素	やや大	改善	改善

それぞれの補償要素はその効果が最大に発揮されるように選択されることが必要である．したがって，位相遅れ要素は，過渡応答は良いが定常特性の悪い制御系の補償として使われ，定常特性の良い，速応性や安定性の悪い制御系に対しては位相進み補償を用いるのが適当である．また定常特性，過渡特性共に不良な制御系に対しては2つの補償を併用することもある．

B．フィードバック補償

フィードバック補償は前述したように局所的なフィードバックを施して，主フィードバック内の伝達関数の特性を変えるものであり，サーボ機構において**速度発電機**(tacho generator)によって速度を検出しこれをフィードバックする補償法がしばしば用いられる．この例によってフィードバック補償の効果について説明する．

サーボモータの伝達関数を，

$$G(s)=\frac{K_m}{s(T_m s+1)} \tag{8.16}$$

とする．タコジェネレータの伝達関数$H(s)$は速度に比例するから

$$H(s)=K_t s \tag{8.17}$$

と表せる．増幅器のゲインK_aとしてこの局所フィードバックを用いた制御系

のブロック線図は図 8.23 のようになる．この制御系の主フィードバックの内側の伝達関数 $W(s)$ は

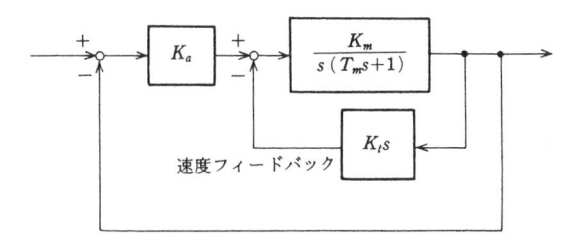

図 8.23 速度フィードバックを用いたサーボ系

$$W(s)=\frac{K_a G(s)}{1+G(s)H(s)}=\frac{K_a}{1+G(s)H(s)}\cdot G(s) \tag{8.18}$$

である．式 (8.16), (8.17) を上式に代入すると，

$$W(s)=\frac{K_a}{1+\dfrac{K_m K_t s}{s(T_m s+1)}}\cdot G(s)$$

$$=\frac{K_a(T_m s+1)}{T_m s+(1+K_m K_t)}\cdot G(s) \tag{8.19}$$

$$=\frac{K_a}{1+K_m K_t}\cdot\frac{T_m s+1}{\dfrac{T_m}{1+K_m K_t}s+1}\cdot G(s) \tag{8.20}$$

$T_m > T_m/(1+K_m K_t)$

となるから，

$$\frac{T_m s+1}{\dfrac{T_m s}{(1+K_m K_t)}+1} \tag{8.21}$$

は位相を進める効果をもつ前置補償要素と同じ働きをすることが分かる．したがって，このような速度フィードバック補償では制御系の安定性や速応性の改善に役立つ．通常のサーボ機構においては図 8.24 の高域沪波器を通してフィードバックをすることが多く，この場合にもフィードバック補償は位相進み補償の効果をもつ．

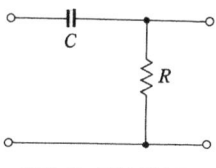

図 8.24 高域沪波器

[例題 8.5] 図 8.25 の制御系で，
$G(s)=K_a/s^2$, $H(s)=0$
のとき，K_a を変化させて安定性を改善できるか．$H(s)=K_t s$ とした速度フィードバック補償を施した場合どうか．またこのとき位相余裕 45° 以上，定常速度偏差定数 $K_v=5$ とする K_a, K_t を求めよ．

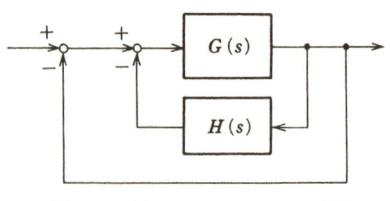

図 8.25 例 8.5 フィードバック補償

(解答)　$G(s)=K_a/s^2$ では常に位相差 $-180°$ であるからゲイン K_a の調整で安定性は改善できないのは明らかである．

次に速度フィードバックの場合，主フィードバック内の伝達関数は，

$$\frac{\dfrac{K_a}{s^2}}{1+\dfrac{K_a K_t}{s}} = \frac{1}{K_t s\left(\dfrac{1}{K_a K_t}s+1\right)}$$

となる．まず $K_v=5$ とするように $K_t=1/5$ と選ぶと上の伝達関数は，

$$\frac{5}{s\left(\dfrac{5}{K_a}s+1\right)}$$

であるから，このボード線図は図 8.26 (a) のように描け $K_a<25$ の範囲で，K_a を大きくする程ゲイン交点は右にずれる．このとき位相曲線も上に移動するから，位相余裕も大きくなる．そこで $K_a=20$ を選ぶと図 8.26 (b) のボード線図となり与えられた仕様を満足する．速度フィードバックで $K_t=1/5$ として K_a を調整した場合の特性根のたどる軌跡は図 8.27 (b) のようになる．これにより速度フィードバックによって安定度の改善がみられることが理解できよう．

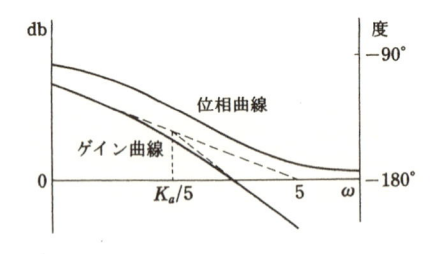

図 8.26 (a) 局所フィードバックした場合のボード線図

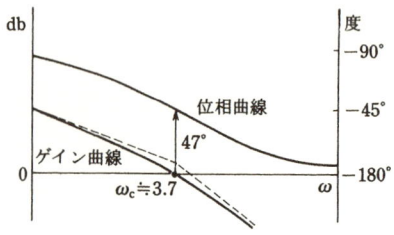

図 8.26 (b) 例題 8.5 局所フィードバックで $K_t=1/5$ $K_a=20$ としたボード線図

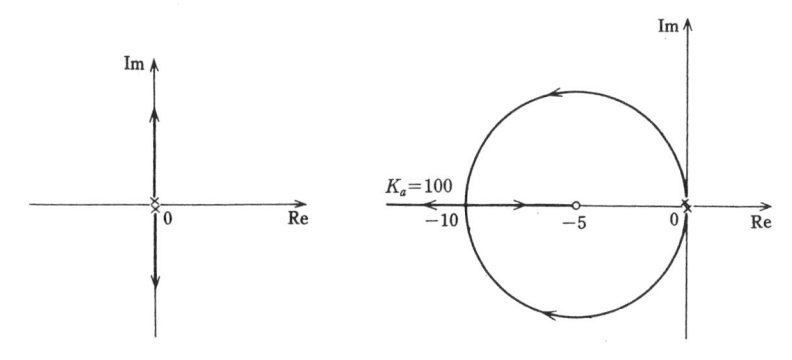

図 8.27 (a) 例題 8.5 局所フィードバックなしの根の軌跡

図 8.27 (b) 例題 8.5 局所フィードバックを入れた根の軌跡

8.4 PID 制御

　温度や液位を一定に保つ定値制御が主体のプロセス制御では，応答の速さを求められない．また，大規模なプラントでは，一般に制御対象の伝達関数や周波数特性を正確に把握することが難しい．このため，PID 補償要素による制御が広く用いられており，実際その有効性が確認されている．

　PID 制御は，図 8.28 のように比例 (P)，積分 (I)，微分 (D) の要素を組み合わせた補償により制御系を構成する．

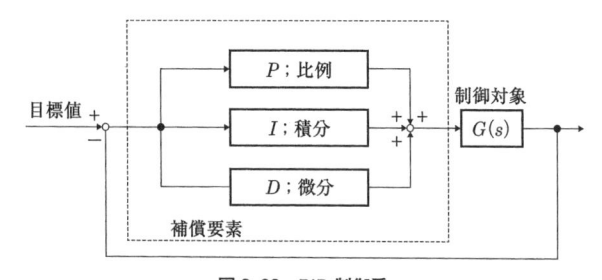

図 8.28　PID 制御系

　PID 制御系における比例要素はゲイン調整と同じ働きをし，偏差に比例した信号を出力する．積分要素は偏差の積分値に比例する信号を出力し，積分要素は制御系の定常特性の改善に有効である．また微分要素は偏差の微分値に比

例した信号を生成し，速応性の改善に役立つ．PID 制御は，制御対象の特性に関する情報を必要とせずに決められた3つの要素のゲインの調整で簡単に設計できる点と，多くの実際の制御において実績がある点，さらに以下に述べる補償要素の周波数特性の有用性により広く普及されている．

PI 補償要素については，その伝達関数 $G_{pi}(s)$ が

$$G_{pi}(s) = K_p + \frac{K_i}{s} = K_p\left(\frac{1+T_i s}{T_i s}\right) \tag{8.22}$$

で表され，$G_{pi}(s)$ の周波数特性の折線近似は図8.29のようになる．図から全周波数帯域で位相が遅れ，低周波域でのゲインを高める（位相遅れ要素の特性参照）から，位相遅れ補償と同じように定常特性の改善に有効である．ここで $T_i = K_p/K_i$ は積分時間と呼ばれ，$1/T_i$ が折点周波数となる．

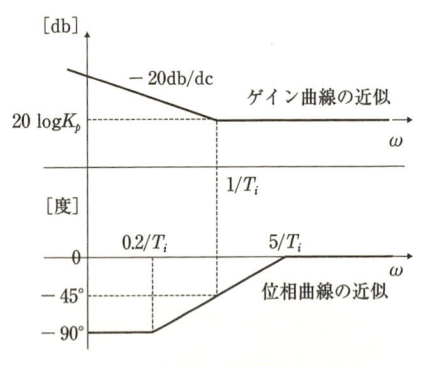

図8.29 PI要素の周波数特性の近似

次に，PD 補償要素は比例と微分要素の結合によって構成され，その伝達関数 $G_{pd}(s)$ は

$$G_{pd}(s) = K_p + K_d s = K_p(1+T_d s) \tag{8.23}$$

となる．ここで $T_d = K_d/K_p$ は微分時間と呼ばれる．この周波数特性の折線近似は，図8.30のようになる．これは全周波数帯域で位相を進め，特に $1/T_d$ 以上の帯域で位相の進みが大きい（位相進み要素の特性参照）から，速応性の改善に有効となることがわかる．

PID 補償要素は，前述の PI，PD の両方の特性を具備している．PID 補償

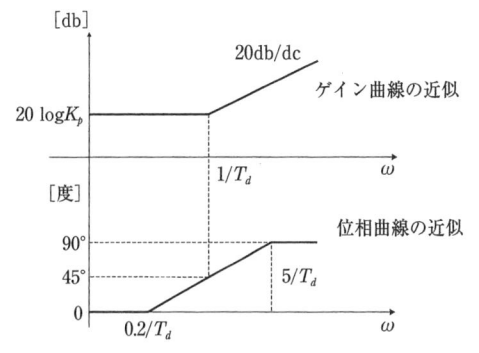

図 8.30 PD 要素の周波数特性の近似

要素の伝達関数 $G_{pid}(s)$ は

$$G_{pid}(s) = K_p + \frac{K_i}{s} + K_d s = K_p \left(\frac{1 + T_i s}{T_i s} + T_d s \right) \tag{8.24}$$

である．ここで零点が実数であれば，$T_1 T_2 = T_i T_d$, $T_1 + T_2 = T_i$ とおいて，

$$G_{pid}(s) = K_p \left\{ \frac{(T_1 s + 1)(T_2 s + 1)}{T_i s} \right\} \tag{8.25}$$

と書き換えできる．この式から，$T_1 < T_2$ とすると，$G_{pid}(s)$ の周波数特性の折線近似は図 8.31 のようになる．これは低い周波数帯域で位相を遅らせ，高い周波数帯で位相を進める効果をもち，制御全般の特性改善に効果がある．

PID 補償要素の形は式 (8.24) のように決まっているから，設計問題は，設計パラメータ K_p, K_i, K_d を決めることとなる．周波数特性の整形によらず

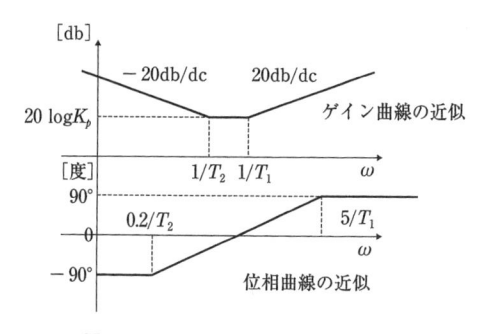

図 8.31 PID 要素の周波数特性の近似

K_p, K_i, K_d の決定によく使われる方法として，ジーグラー，ニコルスの限界感度法がある．

限界感度法によるゲインの決定は，次の手順に従えばよい．

（Step1）　まず比例要素だけの P 制御の構成をする．

（Step2）　出力応答波形が持続振動となる安定限界までの K_p を徐々に増大する．

（Step3）　安定限界の K_p の値を K_c，持続振動の周期を T_c とし，P，I，D の各々の要素のゲインは表 8.2 に従い決定する．

たとえば PID 補償なら

$$K_p = 0.6K_c$$

で決まり，K_i は表から

$$K_p/K_i = T_c/2$$

であるから

$$K_i = 1.2K_c/T_c$$

となる．さらに K_d は

$$K_d/K_p = T_c/8$$

より

$$K_d = 3K_cT_c/40$$

から決定できる．

表 8.2　限界感度法によるパラメータ調整

	K_p	$T_i\left(\dfrac{K_p}{K_i}\right)$	$T_i\left(\dfrac{K_d}{K_p}\right)$
P	$0.5K_c$	—	—
PI	$0.45K_c$	$T_c/1.2$	—
PID	$0.6K_c$	$T_c/2$	$T_c/8$

演習問題

8.1　$G(s)=K/s(1+0.2s)$ の直結フィードバック系で $M_p=1.3$ とするゲイン K をベクトル軌跡を使って求めよ．

8.2　$G(s)=K/\{s(1+0.1s)(1+0.25s)\}$ の直結フィードバック系で $M_p=1.3$ とするゲイン K をニコルス線図を使って求めよ．

8.3　$G(s)=K/\{s(1+0.5s)\}$ の直結フィードバック系でゲイン調整を行うとき，位相余裕 40°以上とすると定常速度偏差定数は最大いくらにできるか．

8.4　ベクトル軌跡を使って，$G(s)=K/\{s(s+1)(s+2)\}$ の直結フィードバック系の位相余裕 40°，ゲイン余裕 15 db とする K をそれぞれ求めよ．

8.5　$G(s)=10/\{s(1+0.1s)(1+0.02s)\}$ の直結フィードバック系の位相余裕，定常速度偏差定数を求めよ．また位相遅れ要素 $(1+s)/(1+10s)$ の補償とゲイン調整により位相余裕 45°以上，$K_v \geqq 20$ とする制御系を構成せよ．

8.6　図 8.32 の制御系で $K_v \geqq 15$，位相余裕 45°以上となるように位相進み補償 G_c，および K を決定せよ．このとき M_p, ω_c はいくらか．また $G_c=1$, $K=1$ のときのステップ応答を比較せよ．

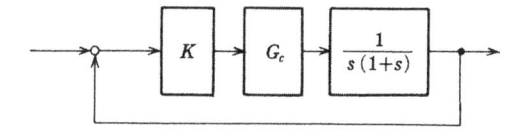

図 8.32　問題 8.6 の制御系

8.7　問題 8.6 の 2 つの根の軌跡を描き比較せよ．（9 章参照）

8.8　サーボモータの伝達関数 $G(s)=K_m/(T_m s^2)$ で近似されるサーボ系で図 8.28 のよう

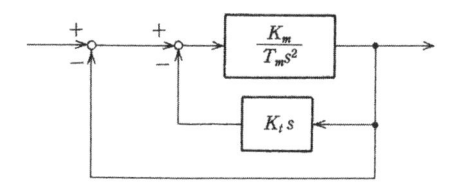

図 8.33　問題 8.8 の制御系

な速度フィードバックを施したとき，どのような補償効果があるか．

8.9　問題 8.8 の速度フィードバック系の根の軌跡を K_t をパラメータとして描け．
（9 章参照）

9 根軌跡法

本章では根軌跡とはどのようなものかを説明し，根軌跡を具体的に描くために導かれる性質について述べる．特性方程式の根が制御系の過渡特性を決定づけることから根軌跡を知ることは制御系の解析，設計に有用である．

特性根が複素平面上のどの位置にあるかが制御系の過渡特性を決定する大きな要因となる．特性方程式を解くことは高次代数方程式の求解となり計算機の力を借りなければ容易でない．このことはすでに6章の安定判別法で述べた．自動制御系において一巡伝達関数のゲインを変えると閉ループ制御系の特性根が変わる．このゲインの変化に応じて特性根の変化の軌跡を複素平面上に描いたものが根軌跡であり，この軌跡を描き，これを制御系の解析，設計に利用するのが根軌跡法である．ここでは根軌跡の概念を説明し，さらに根軌跡のいくつかの性質を述べる．

9.1 根軌跡の概念

根軌跡（root locus）がどのようなものかを説明するため，図9.1の制御系を考える．この制御系の特性方程式は，

$$1+KG(s)H(s)=0 \tag{9.1}$$

となる．ここでパラメータ K の値に応じて特性方程式の根が決まる．そこで K の値を0から∞に変化させると特性根も変化し，これを複素平面上にプロットすれば K の変化に対して軌跡を描く．これを根軌跡という．理解を容易

にするために簡単な数値例を使って根軌跡を求めてみる．

図 9.1 の制御系で

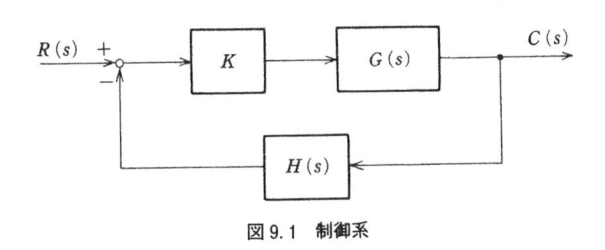

図 9.1　制御系

$$G(s)=\frac{1}{s(s+4)}$$

$$H(s)=1$$

の場合，ゲイン K が $0\sim\infty$ と変化したとき，特性方程式は，

$$1+KG(s)H(s)=0$$

より，

$$s(s+4)+K=0$$

である．上式は 2 次方程式であるから特性根は容易に，

$$s=-2\pm\sqrt{4-K}$$

と求められる．ここで $K=0\sim\infty$ に変化させたときの s の値は，

- $K=0$ 　　$s=0, -4$
- $0<K<4$ 　s ；実軸上 $(-4, 0)$ の間に存在する 2 実根
- $K=4$ 　　$s=-2$ （重根）
- $K>4$ 　　$s=-2\pm j\sqrt{K-4}$ 　　　　（共役複素根）

のようになるから，2 つの特性根は 0，-4 から出発し，$0<K<4$

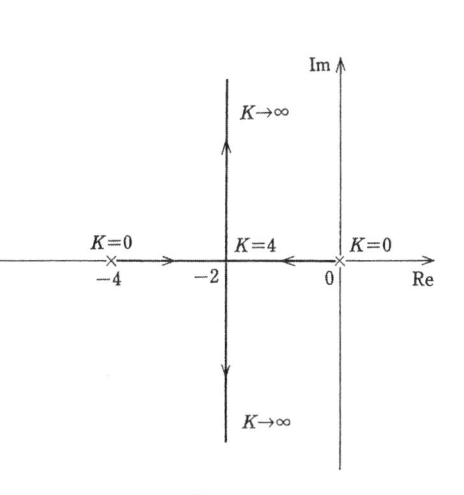

図 9.2　$G(s)=\dfrac{1}{s(s+4)}, H(s)=1$ の根軌跡

の範囲では K の増加に伴い -2 に近づき，$K=4$ で 2 つの根は重なり重根とな

る．さらに K を大きくすれば，実部が -2 の共役複素根となり虚部は K の増大に従ってその絶対値は増大する．この軌跡を描けば図 9.2 の根軌跡が得られる．

図 9.2 に示したように根軌跡は通常，次の約束に従って表示される．
 i) 一巡伝達関数の極は×印，零点は〇印で表す．
 ii) 軌跡の K が増大する方向に向かって矢印を付ける．
 iii) 必要に応じて K の値を記入する．

前述の例のように特性方程式が 2 次であれば容易に解析手法によって根軌跡を描くことができるが，一般には特性方程式は高次多項式となり手計算でこれを解くことは困難である．そこで次に述べる根軌跡の性質を利用した根軌跡の描き方が軌跡の概形を把握するのに便利である．

9.2 根軌跡の性質，求め方

図 9.1 の制御系の一巡伝達関数を，
$$KG(s)H(s) = \bar{G}(s)$$
とおく．特性方程式，
$$1 + \bar{G}(s) = 0 \quad (1 + KG(s)H(s) = 0) \tag{9.2}$$
より，
$$\bar{G}(s) = -1 \tag{9.3}$$
であるから，特性方程式 (9.2) を満たす s について，

 ゲイン条件 $\quad |\bar{G}(s)| = 1 \tag{9.4}$

 位相条件 $\quad \angle \bar{G}(s) = \pi \pm 2k\pi \quad (k ; 0, 1, \cdots) \tag{9.5}$

が常に成立している．しかるに根軌跡上の点は常に一巡伝達関数 $\bar{G}(s)$ について式 (9.4), (9.5) の 2 つの条件を満足するものでなければならない．さらに $\bar{G}(s)$ を分母が n 次の多項式，分子が m 次の多項式 $(n \geq m)$ で，$\bar{G}(s)$ の極を $p_i (i ; 1, 2, \cdots, n)$，零点を $q_j (j ; 1, 2, \cdots, m)$ とすると，

$$\bar{G}(s) = \frac{K \cdot (s-q_1)(s-q_2)\cdots(s-q_m)}{(s-p_1)(s-p_2)\cdots(s-p_n)} \tag{9.6}$$

で表せる．$s - p_i$, $s - q_j$ は複素数であるから極座標表示を用いて，

$$s - p_i = |s - p_i| e^{j\theta_i} \tag{9.7}$$

$$s - q_j = |s - q_j| e^{j\phi_j} \tag{9.8}$$

とすると，ゲイン条件，位相条件は各々，

$$|\overline{G}(s)| = \frac{K \prod_{j=1}^{m} |s - q_j|}{\prod_{i=1}^{n} |s - p_i|} = 1 \tag{9.9}$$

$$\angle \overline{G}(s) = \sum_{j=1}^{m} \phi_j - \sum_{i=1}^{n} \theta_i = \pi \pm 2k\pi \tag{9.10}$$

のように書き換えることができる．
すなわち，根軌跡上の点は式 (9.9) (9.10) を満足している．たとえば，図 9.3 のようになるので，結局この両式を満たす s の軌跡を描けば良いことになる．実際計算機によらず根軌跡を描く場合，

（ステップ 1）　位相条件を満たす s の軌跡を試行錯誤により求める．

（ステップ 2）　 K の値をゲイン条件により決定する．

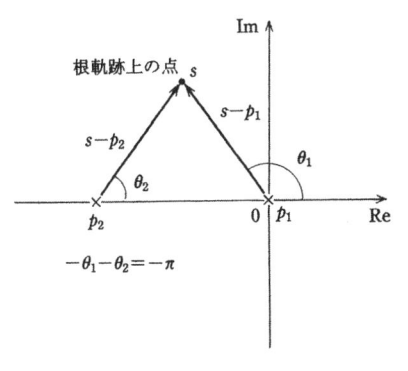

図9.3　根軌跡上の点

の手順で行われる．しかしこれだけでは軌跡を描くことは難しいので，さらにゲイン条件，位相条件から導かれるいくつかの性質を明らかにしておく．

まず特性方程式は実係数であるから，その根に複素根が存在すれば常に複素共役である．したがって，根軌跡は実軸に対称である．

（**性質 1**）　根軌跡の数は一巡伝達関数の極の数に等しく，軌跡の出発点は一巡伝達関数の極であり，軌跡の終点の m 個は一巡伝達関数の零点で，残りの $n-m$ 個の軌跡の終点は無限遠点となる．

これは，式 (9.3) から，

$$\prod_{i=1}^{n}(s - p_i) + K \prod_{j=1}^{m}(s - q_j) = 0 \tag{9.11}$$

あるいは，

$$\frac{1}{K}\prod_{i=1}^{n}(s-p_i)+\prod_{j=1}^{m}(s-q_j)=0 \tag{9.12}$$

が得られる．ここで $K \to 0$ とすると $s=p_i$ となるから出発点は $s=p_i$ である．また $K \to \infty$ とすれば $s=q_j$ となり $\overline{G}(s)$ の零点が終点となる．根軌跡は n 本あるから $n>m$ の場合，残りの $(n-m)$ 本の軌跡の終点は，

$$\frac{\prod_{j=1}^{m}(s-q_j)}{\prod_{i=1}^{n}(s-p_i)}=\frac{-1}{K} \tag{9.13}$$

より，

$$\lim_{|s|\to\infty}\frac{\prod_{j=1}^{m}(s-q_j)}{\prod_{i=1}^{n}(s-p_i)}=0 \tag{9.14}$$

となるから，無限遠点が $K \to \infty$ を満足していることが分かる．

（性質2） 無限遠点に至る根軌跡の漸近線の角度は，一巡伝達関数の極の数 n，零点の数を m とすると，

$$\text{漸近線の角度}(\alpha)=\frac{\pi+2k\pi}{n-m} \quad k=0,\ 1,\ 2,\ \cdots \tag{9.15}$$

であり，漸近線と実軸との交点は，

$$\text{漸近線と実軸との交点}(\beta)=\frac{\sum_{i=1}^{n}p_i-\sum_{j=1}^{m}q_j}{n-m} \tag{9.16}$$

である．

s が無限遠点に達したとき $|s|$ は非常に大きいから式 (9.13) を，

$$K\frac{s^m}{s^n}=-1 \tag{9.17}$$

で近似できる．これより漸近線の角度 α は式 (9.15) のようになる．

（性質3） 実軸上の点で，右側の実軸上に一巡伝達関数の極または零点が奇数個存在すればその点は根軌跡上の点である．

この性質は位相条件によって説明できる．たとえば，図 9.4 に示すように一巡伝達関数の極と零点が存在したとしよう．根軌跡上の点は位相条件を満足

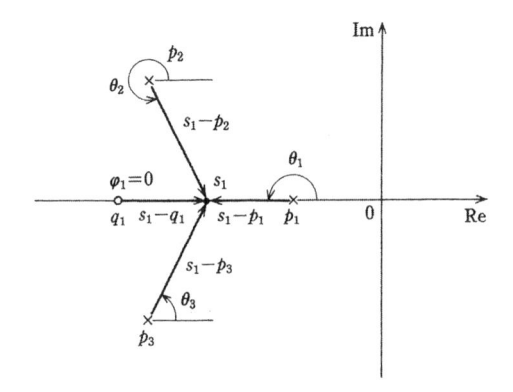

図 9.4 実軸上の根軌跡と位相条件

しているから，実軸上の根軌跡もこれを満たしている．各々の極，零点からのベクトルの偏角の総和が位相条件を満たさなければならない．実軸上の点 s_1 では複素共役な極あるいは零点からのベクトルの偏角の和は零である．また s_1 の左手にある実軸上の極または零点からのベクトルの偏角は 0 である．したがって，s_1 より実軸上右側にある極，零点の数によって位相条件を満たすか否かが決まる．これが奇数のとき式 (9.10) を満たすが，偶数の場合，位相は $\pm 2k\pi$ となって位相条件を満たさない．したがって，実軸上を根軌跡がたどるときその右側には奇数個の実軸上の零点または極が存在していることになる．

(**性質 4**) 根軌跡が分離する点，すなわち，2 つの根軌跡が重なる点は実軸上で生じ，その点は，

$$\frac{d\overline{G}(s)}{ds} = 0 \tag{9.18}$$

の根のうち位相条件を満たすものである．

性質 4 は特性方程式が 3 次までであれば式 (9.18) は容易に計算できるのでこのとき有用である．この性質の説明は特性根が重根となることを利用して容易にできるが詳しい説明は省略する．

一巡伝達関数に複素極や複素零点がある場合についての性質を述べておく．この場合，複素根から出発するときの進出角や複素零点に至る進入角についての性質を位相条件から導くことができる．理解を容易にするため一巡伝達関数の極，零点が図 9.5 に示されるような制御系の例を使って説明する．複素極

を p_1, p_2 として,複素極 p_1 からの進出角を求める. p_1 近傍の根軌跡上の点を s_1 とすると, p_1 から s_1 へ向かうベクトルの方向が p_1 近傍での根軌跡の進出方向になる.これを θ_1 としよう.また他の極 p_2, p_3 から s_1 へのベクトルの偏角を各々 θ_2, θ_3 とし,零点 q_1, q_2 から s_1 へのベクトルの偏角を φ_1, φ_2 とする.このとき,

$$\frac{(s_1-q_1)(s_1-q_2)}{(s_1-p_1)(s_1-p_2)(s_1-p_3)} = \frac{-1}{K} \tag{9.19}$$

$\varphi_1+\varphi_2-\theta_1-\theta_2-\theta_3 = \pi \pm 2k\pi$

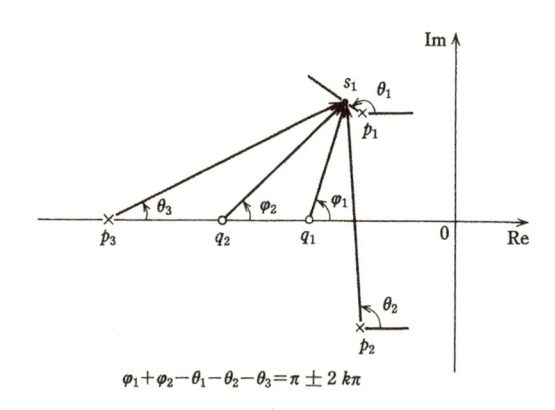

図 9.5 複素極 p_1 からの進出角

であるから,左辺の偏角は,

$$\varphi_1+\varphi_2-(\theta_1+\theta_2+\theta_3)$$

であり,右辺の偏角は $\pi\pm(2k\pi)$ であるから,

$$\varphi_1+\varphi_2-(\theta_1+\theta_2+\theta_3)=\pi\pm2k\pi$$

が成立する.これを θ_1 について解くと,

$$\theta_1=(\pi\pm2k\pi)+\varphi_1+\varphi_2-(\theta_2+\theta_3) \tag{9.20}$$

である.ここで s_1 は p_1 の近傍であるから $s_1 \fallingdotseq p_1$ とおくことができるので,極,零点の値が分かれば θ_2, θ_3, φ_1, φ_2 を計算できる.これを式 (9.20) に代入して進出角 θ_1 が求められる.これを一般的に表せば性質5のようにまとめられる.

(**性質5**) 複素極からの進出角 γ は

$\gamma=(1\pm2k)\pi+$(各零点から出発点となる極へ引いたベクトルの正

の偏角の総和)−(出発点以外の各極から出発点となる極へ引いたベクトルの正の偏角の総和)　　　　　　　　　　　　(9.21)

で決まる．

性質5は同様の議論によって終点となる複素零点近傍でどのような軌跡を描くかを知るにも適用することができる．

9.3　根軌跡法の例題

前節で述べた性質は根軌跡を描く上で有用である．これらの性質を使って根軌跡を描く手順と根軌跡の利用法を具体的数値例によって説明しよう．

[**例題 9.1**]　図9.6の制御系の根軌跡の概形を求めよ．また代表特性根の減衰係数を$\zeta=0.5$とするKを求めよ．

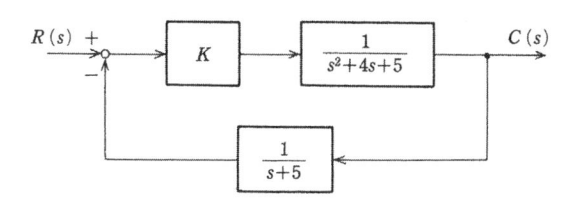

図9.6　フィードバック制御系

(**解答**)　この制御系の一巡伝達関数は，

$$\frac{K}{(s+5)(s^2+4s+5)}$$

であるから，根軌跡の性質を順に求めれば次のようになる．

(ⅰ)　根軌跡の数と出発点，終点

$$(s+5)(s^2+4s+5)=0$$

より，根軌跡の数は3で，出発点は-5，$-2\pm j$であり，終点は零点がないからすべて無限遠点である．

(ⅱ)　無限遠点に至る漸近線の角度と漸近線の実軸との交点

漸近線の角度αは式 (9.15) より，

$$\alpha=\frac{\pi+2k\pi}{3} \quad (k=0,\ 1,\ 2)$$

となり，
$$\alpha = 60°, 180°, 300°$$
を得る．また実軸との交点は式 (9.16) より，
$$\beta = \frac{-5-(2+2)}{3} = -3$$
である．

(iii) 実軸上の根軌跡

実軸上の極，零点は -5 だけであるから，$(-\infty, -5)$ が根軌跡である．

(iv) 根軌跡が分離する点

式 (9.18) の解で位相条件を満たすものがないから分離点は存在しない．

(v) 複素根から出発するときの進出角

一巡伝達関数の極 $-2+j$ からの進出角 γ_1 は式 (9.21) より
$$\gamma_1 = 180° - \theta_2 - \theta_3$$
であり，$\theta_2 = 90°$, $\theta_3 = \tan^{-1}(1/3) = 18.4°$ となるから，
$$\gamma_1 = 71.6°$$
を得る．

根軌跡が虚軸と交差する点では安定の限界であるので安定判別法を利用して根軌跡が虚軸と交わる点も求められる．

特性方程式
$$s^3 + 9s^2 + 25s + 25 + K = 0$$
であるから，ラウスの配列表

s^3	1	25
s^2	9	$25+K$
s^1	$\dfrac{25 \times 9 - (25+K)}{9}$	
s^0	$25+K$	

より，s^1 の係数を 0 とする K は，
$$K = 200$$
よって副次式，
$$9s^2 + 225 = 0$$
が得られる．これから虚軸との交点は，
$$s = \pm j \cdot 5$$
となる．

以上のことと位相条件，ゲイン条件によって根軌跡の概形が図9.7のように描ける．

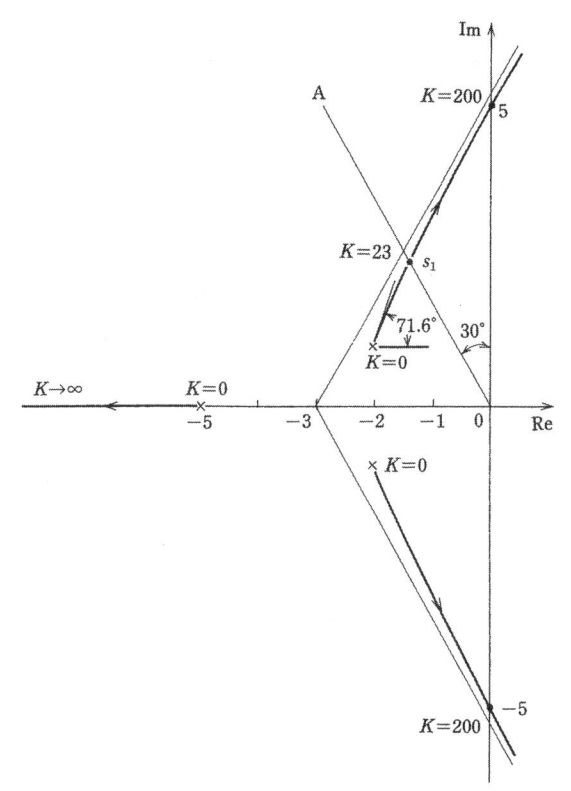

図9.7 図9.6の制御系の根軌跡

次に代表特性根の減衰係数 $\zeta=0.5$ とするゲイン K を求めよう．$\zeta=0.5$ とする極の位置は原点から虚軸とのなす角30°の直線上に存在する[注]．したがって，この直線と根軌跡の交点 s_1 が $\zeta=0.5$ となる代表特性根である．このときのゲイン K の値はゲイン条件 (9.9) より求められる．具体的に，$|s_1-p_i|(i=1, 2, 3)$ は3つの出発点から s_1 までの長さを測ればよい．これより，

$$K=|s_1-p_1|\cdot|s_1-p_2|\cdot|s_1-p_3|\fallingdotseq 23$$

を得る．

注）2次標準形の特性根は $s=-\zeta\omega_n\pm j\omega_n\sqrt{1-\zeta^2}$ であるから実部 $-\zeta\omega_n$，虚部 $\pm\omega_n\sqrt{1-\zeta^2}$ となる．これより $\tan\phi=(\pm\sqrt{1-\zeta^2}/\zeta)|_{\zeta=0.5}=\pm\sqrt{3}$ であるから虚軸となす角30°を得る．

演習問題

9.1 一巡伝達関数が次のように与えられる制御系の根軌跡の漸近線を求めよ.

(1) $\dfrac{K(s+1)}{(s+2)(0.2s+1)(5s+1)}$ (2) $\dfrac{K}{s(s+1)(s+3)}$

(3) $\dfrac{K}{s^2+3s+4}$

9.2 一巡伝達関数が次のように与えられる制御系の根軌跡の分離点を求めよ.

(1) $\dfrac{K(s+1)}{s^2+2s+2}$ (2) $\dfrac{K}{s(s+1)(s+2)}$

9.3 一巡伝達関数が次の制御系の複素根からの進出角あるいは進入角を求めよ.

(1) $\dfrac{K(s+1)}{s^2+s+1}$ (2) $\dfrac{K(s^2+2s+2)}{s(s+1)(s+2)}$

9.4 一巡伝達関数が次の制御系の根軌跡を描け.

(1) $\dfrac{K(s+1)}{s(s+4)(s^2+s+1)}$ (2) $\dfrac{K(s+1)}{s^2+s+1}$

9.5 一巡伝達関数が次の制御系の根軌跡を描き特性根の変化の様子を比べてみよ. また(2)の場合安定限界となる K の値を求めよ.

(1) $\dfrac{K}{s(s+3)}$ (2) $\dfrac{K}{s(s+3)(s+5)}$

9.6 一巡伝達関数が次の制御系の根軌跡を比較せよ.

(1) $\dfrac{K}{s(s+1)}$ (2) $\dfrac{K(1+0.5s)}{s(s+1)(1+0.1s)}$

9.7 図 9.8 の制御系で K を固定し a を変化させたときの根軌跡を描くのにはどのようにすれば良いか. $K=9$ として a を変化させたときの根軌跡を描け.

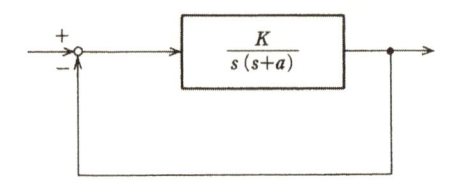

図 9.8 問題 9.7 の制御系

9.8 一巡伝達関数が次の制御系の根軌跡を描き，代表特性根の減衰係数が括弧内の値となる K を求めよ．

(1) $\dfrac{K}{s(s+7)}$ ($\zeta=0.7$) (2) $\dfrac{K}{s(s+3)(s+5)}$ ($\zeta=0.5$)

演習問題解答

1 章

1.1 電気冷蔵庫,電機コタツ,水洗トイレの液面系など.

1.2 電気洗濯器はタイマによる時間調整がなされるだけで,図1のようにフィードバ

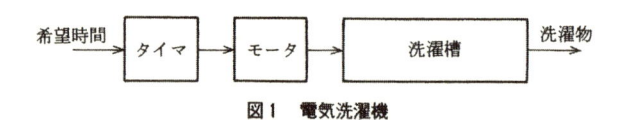

図1 電気洗濯機

希望時間 → タイマ → モータ → 洗濯槽 → 洗濯物

ックループがない.(図1.3と比較)したがって,洗濯物を希望のきれいさにするという訂正動作が自動的に行われない.

1.3 図2

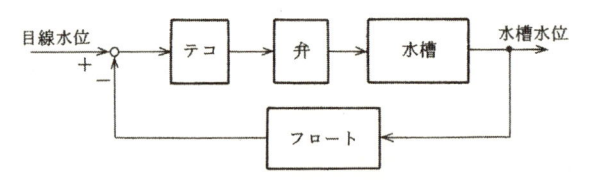

図2 液面系の信号の流れ

目線水位 → (+/−) → テコ → 弁 → 水槽 → 水槽水位
フロート ← (フィードバック)

1.4 問題1.3のような装置でもよいが,図3のようにすると簡単に水面を一定にでき

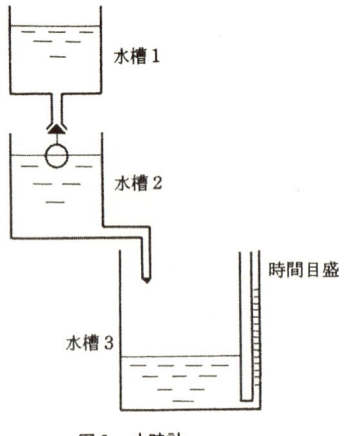

図3 水時計

水槽1 / 水槽2 / 水槽3 / 時間目盛

演習問題解答 185

るので水槽3に流れ込む水量は一定である．

1.5 図4

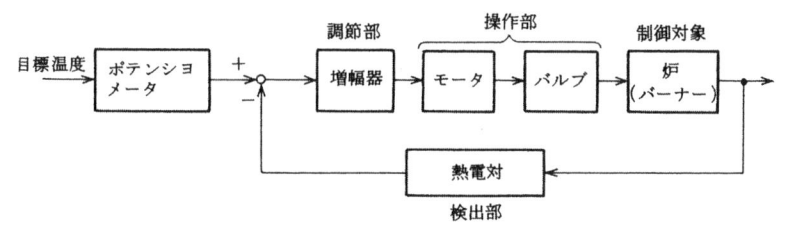

調節部　操作部　制御対象

目標温度 → ポテンショメータ → +／− → 増幅器 → モータ → バルブ → 炉（バーナー） →

熱電対
検出部

図4　問題1.5の制御系の構成

2 章

2.1 (1) $e^{j\pi/2}$ (2) $\sqrt{2}\cdot e^{j\frac{\pi}{4}}$ (3) $2\cdot e^{j\frac{\pi}{6}}$ (4) $2e^{j\left(\frac{-\pi}{6}\right)}$

$z_1\cdot z_2 = \sqrt{2}e^{j\frac{3}{4}\pi}$

$z_1/z_2 = \dfrac{\sqrt{2}}{2}e^{j\frac{1}{4}\pi}$

$z_3\cdot z_4 = 4$

$z_3/z_4 = e^{j\frac{\pi}{3}}$

2.2　ⅰ), ⅲ), ⅳ) 省略

ⅱ) $z_1=x_1+jy_1$　$z_2=x_2+jy_2$ とおくと

$\overline{z_1\cdot z_2} = \overline{(x_1+jy_1)(x_2+jy_2)} = \overline{x_1x_2-y_1y_2+j(x_1y_2+x_2y_1)}$

$= (x_1x_2-y_1y_2)-j(x_1y_2+x_2y_1) = (x_1-jy_1)(x_2-jy_2) = \overline{z_1}\cdot\overline{z_2}$

2.3　$z|_{a=0}=1$

$z|_{a=0}=\dfrac{\sqrt{2}}{2}e^{-j\frac{\pi}{4}}$

$z|_{a=\sqrt{3}}=\dfrac{1}{2}\cdot e^{-j\frac{\pi}{3}}$

2.4 (1) $5/s^2+\dfrac{1}{s+3}$

(2) $\dfrac{\omega}{(s+1)^2+\omega^2}$

(3) $2/(s+1)^3$

2.5　$\mathcal{L}[t\cdot e^{-j\omega t}]$ に推移定理を用いれば，

186　演習問題解答

$$\mathcal{L}[t\cdot e^{-j\omega t}] = \frac{1}{(s+j\omega)^2} = (s^2-\omega^2-j\cdot 2s\omega)/(s^2+\omega^2)^2$$

である．次に上式を使って，

$$\mathcal{L}[t\cdot e^{-j\omega t}] = \mathcal{L}[t\cos\omega t - jt\cdot\sin\omega t] = (s^2-\omega^2-j\cdot 2s\omega)/(s^2+\omega^2)^2$$

が成立するから，

$$\mathcal{L}[t\cos\omega t] = (s^2-\omega^2)/(s^2+\omega^2)^2$$
$$\mathcal{L}[t\sin\omega t] = 2s\omega/(s^2+\omega^2)^2$$

を得る．

2.6 (1) $e^{-t}-e^{-2t}$

(2) $a \neq b$ であるから，

$$\frac{-1}{a-b}\{(c-a)e^{-at}+(b-c)e^{-bt}\}$$

(3) $e^{-t}\sin t$

(4) $\dfrac{1}{9}\{1+e^{-3t}(6t-1)\}$

2.7 $\dfrac{1}{20}-\dfrac{1}{16}e^{-2t}+\dfrac{1}{80}e^{-10t}$

2.8 (1) $x(t)=2e^{-t}-e^{-2t}$

(2) $x(t)=1-e^{-\frac{t}{2}}(\cos\dfrac{\sqrt{3}}{2}t+\dfrac{\sqrt{3}}{3}\sin\dfrac{\sqrt{3}}{2}t)$

2.9 $x(0)=0, \dot{x}(0)=v_0$ であるから，

$$X(s)=v_0/(s^2+\omega^2)$$

となる．これを逆ラプラス変換して，

$$x(t)=v_0/\omega\,\sin\omega t$$

を得る．

　　例題 2.10 のように $N.P.$(平衡点)から x_0 だけずれた点で静かに離したときの振動と，$N.P.$ で初速 v_0 で振動させたときは丁度位相が 90°ずれていることが分かる．

3 章

3.1 (a) $E_i(s) = 1/Cs\, I(s) + R_1 I(s) + R_2 I(s)$
$E_0(s) = R_2 I(s) + 1/Cs \cdot I(s)$

より,

$$\frac{E_0(s)}{E_i(s)} = \frac{R_2 Cs + 1}{(R_1 + R_2)Cs + 1}$$

(b) $I(s) = I_1(s) + I_2(s)$
$E_i(s) = R_1 I_1(s) + R_2 I(s) + \dfrac{1}{C_2 s} I$
$R_1 I_1(s) = 1/C_1 s\, I_2(s)$
$E_0(s) = I(s) R_2(s) + \dfrac{1}{C_2 s} I$

より,

$$E_0(s)/E_i(s) = \frac{(R_2 C_2 s + 1)(R_1 C_1 s + 1)}{R_2 C_2 s (R_1 C_1 s + 1) + R_1 C_2 s + R_1 C_1 s + 1}$$

3.2 それぞれの水槽で水位 $H_i(s)$ と流入量 $Q_i(s)$ の間に

$$H_i(s)/Q_i(s) = \frac{K_i}{1 + T_i s} \quad i = 1,2$$

であった. また $Q_2(s) = \alpha H_1(s)$ (α; 比例定数) と書けるから,

$$H_2(s)/Q_1(s) = \frac{\alpha K_1}{1 + T_1 s} \cdot \frac{K_2}{1 + T_2 s}$$

3.3 $k_1/\{ms^2 + cs + (k_1 + k_2)\}$

3.4 $K k_a k_p /\{s(T_m s + 1) + K k_a k_p\}$

3.5 $Y(s)/U(s) = -ms^2/(ms^2 + cs + k)$

3.6 (a) $\boxed{\dfrac{G_1(G_2 + G_3)}{1 - G_1 H(G_2 + G_3)}}$

(b) $\boxed{\dfrac{G_1 G_2 G_3}{1 + H_1 G_1 G_2 + H_2 G_2 G_3}}$

3.7 $Ks/[s\{(s+1)(s+2) + ks\} + K(s+1)(s+2) + Ks]$

3.8 $C(s) = \dfrac{KG(s)}{1 + (H(s) + K)G(s)} \cdot R(s) + \dfrac{G(s)}{1 + (H(s) + K)G(s)} \cdot D(s)$

3.9 $\lim_{t \to \infty} c(t) = R_0 + D_0/K$ (目標値に一致せず)

$\lim_{t \to \infty} c(t) = R_0$ ($D_0 = 0$ 目標値に一致)

4 章

4.1 図 4.11 よりインパルス応答 $c(t)=ae^{-t/b}$ であるから，

$$G(s)=\mathcal{L}[a\cdot e^{-t/b}]=\frac{ab}{bs+1}$$

また単位ステップ応答は，

$$\mathcal{L}^{-1}[G(s)\cdot\frac{1}{s}]=\mathcal{L}^{-1}\left[\frac{ab}{s(bs+1)}\right]=ab[1-e^{-\frac{1}{b}t}]$$

4.2 単位ステップ応答のラプラス変換 $C(s)$ は，

$$C(s)=\mathcal{L}[t-\sin t]=\frac{1}{s^2}-\frac{1}{s^2+1}$$

よって，$G(s)=sC(s)=1/s(s^2+1)$

4.3 $q_1=q_2=\alpha\sqrt{h}$ を使って，

伝達関数のパラメータを代入すると，

$$\frac{2\sqrt{h}/\alpha}{1+A\cdot\frac{2\sqrt{h}}{\alpha}s}=\frac{0.1}{1+250s}$$

となる．よって，

$$\mathcal{L}^{-1}\left[\frac{0.1}{1+250s}\cdot\frac{10}{s}\right]=1-e^{-\frac{t}{250}}$$

を得る．したがって $1-e^{-\frac{t}{250}}$ [cm] で液体が上昇する．

4.4 (1) $1-3e^{-3t}+2e^{-4t}$

(2) $1-\frac{2}{\sqrt{3}}e^{-0.5t}\sin\left(\frac{\sqrt{3}}{2}t+\frac{\pi}{3}\right)$

4.5 $e_0(t)=\mathcal{L}^{-1}\left[\frac{s+1}{s+2}\cdot\frac{V}{s}\right]$

$$=\frac{V}{2}\mathcal{L}^{-1}\left[\frac{1}{s}+\frac{1}{s+2}\right]=\frac{V}{2}(1+e^{-2t})$$

4.6 運動方程式は，

$$m\ddot{x}+c\dot{x}+2kx=f(t)$$

となる．振動するためには特性根が複素数となる場合であるから，

$$C<2\sqrt{2mk}$$

4.7 $\mathcal{L}^{-1}[G_1(s)/s]$, $\mathcal{L}^{-1}[G_2(s)/s]$ を求めて出力波形を比較すればほとんど同じ波形であり，$G_2(s)$ では代表特性根の影響によって決まることが確かめられる．

5 章

5.1 図 5 (a)(b)(c)

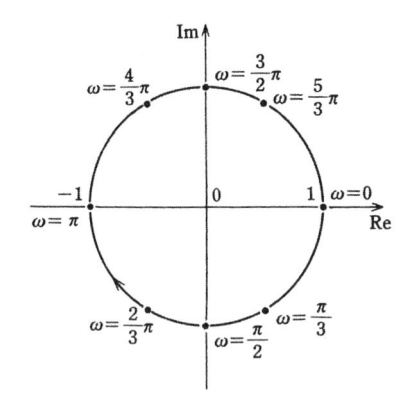

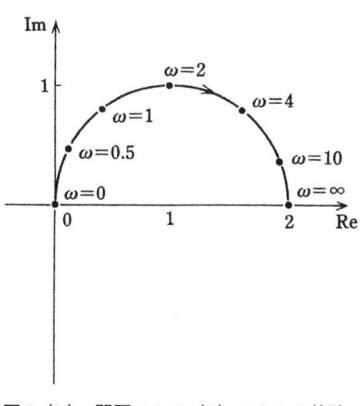

図 5 (a) 問題 5.1 の (1) ベクトル軌跡

図 5 (b) 問題 5.2 の (2) ベクトル軌跡

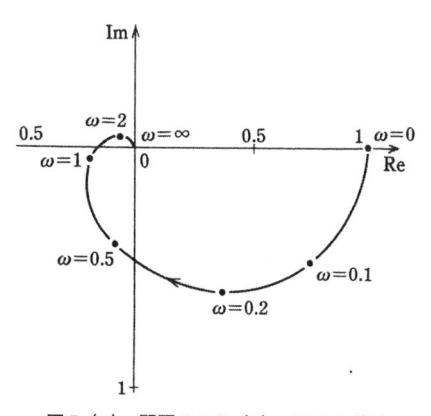

図 5 (c) 問題 5.3 の (3) ベクトル軌跡

5.2 (1) 図6 始点座標 (0.5, 0) 終点座標 (0, 0)

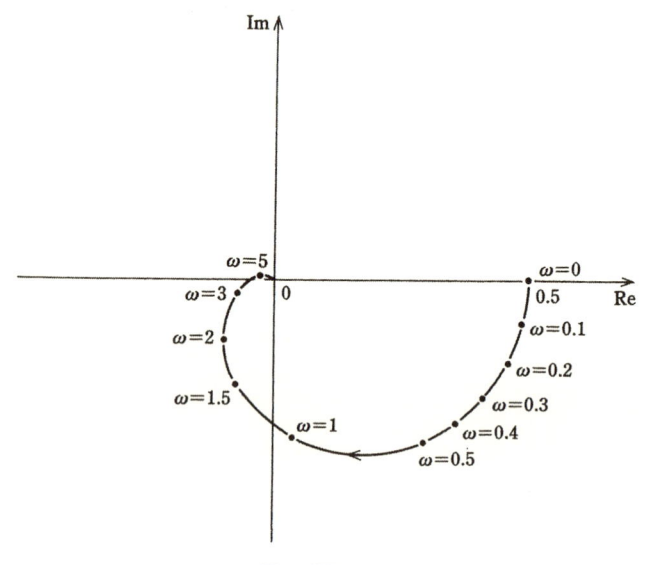

図6 問題5.2の解

実軸との交点 (−0.04, 0), 虚軸との交点 (0, −0.284)

(2) 振幅 0.31　位相差 −82.9°

5.3 図7

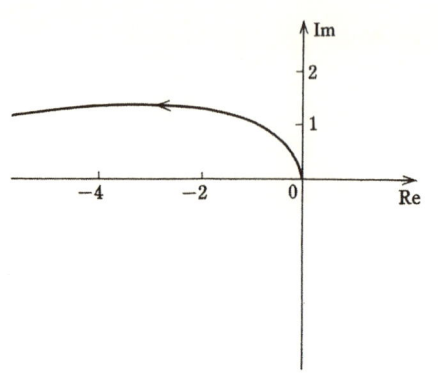

図7 問題5.3の逆ベクトル軌跡

5.4 図8

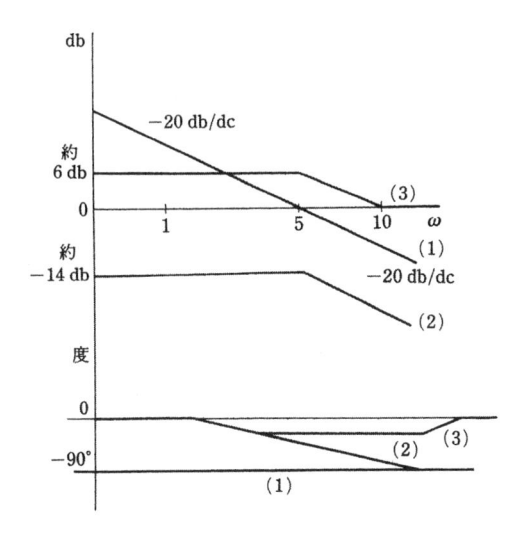

図8 問題5.4の折線近似

5.5 図9

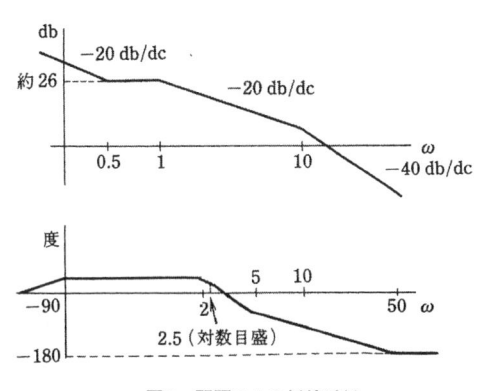

図9 問題5.5の折線近似

5.6 $100s/(10s+1)(2s+1)(0.1s+1)$

5.7 $\omega=3.7$ rad/sec 位相差$-132.6°$　$\omega=0.5$ 約9.9倍, $\omega=5$ (-4 db) 約0.63倍

5.8 図10

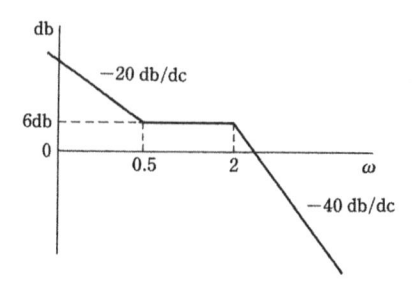

図10 問題5.8の折線近似

5.9 図11 $(-1, j\cdot 0)$ を通る K は $K=6$

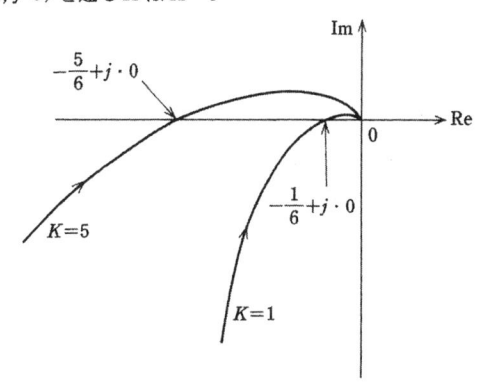

図11 問題5.9のベクトル軌跡

5.10 図12 振動計の記録は外力の周波数が高いとき外力と同じ振幅で位相が逆転する.

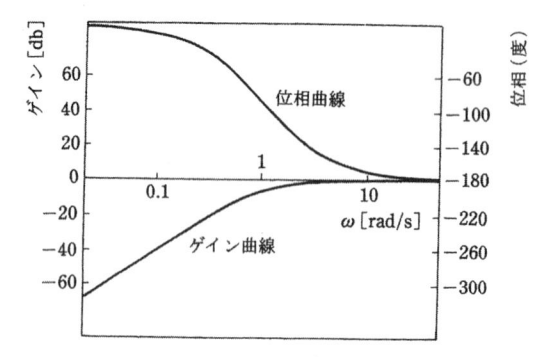

図12 問題5.10のボード線図

6 章

6.1 （1） 安定　　（2） 不安定

6.2 （1） 安定　　（2） 不安定（不安定根2）　　（3） 不安定（不安定根2）

6.3 （1） 不安定　　（2） 安定

6.4 （1） $N=0, Z=-2$　不安定　　（2） $N=1, Z=1$　安定

6.5 （1） $a>\dfrac{3}{5}b-\dfrac{7}{3}, b>0$　　（2） $a>0, b>-3, a<\dfrac{2}{3}b+2$
（3） $a>5.5$

6.6 $K<21$　安定　　$K=21$　安定限界　　$30>K>21$　不安定（図13参照）

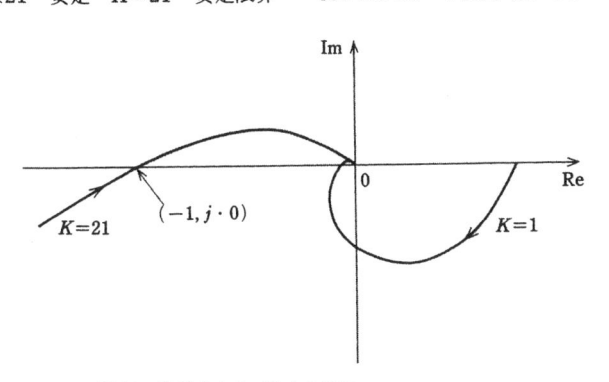

図13　問題6.6のベクトル軌跡
$$G(s)H(s)=\frac{K}{(s+1)(s+0.5)(s+3)}$$

6.7 安定

6.8 省略

6.9 省略

6.10 図6.21のような領域を考えると一巡伝達関数の極はこの領域に1つ（$s=0$）．よって$N=1$，またこのときナイキスト線図は図14のように$(-1, j\cdot 0)$を反時計方向に1回転する　すなわち$Z=1$，よって$N=Z=1$であるから安定である．

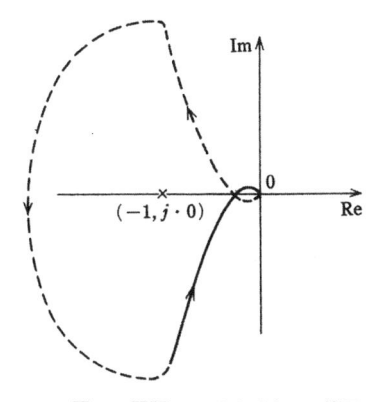

図14　問題6.10のナイキスト線図

7 章

7.1 $|W(j\omega)| = \left|\dfrac{G(j\omega)}{1+G(j\omega)}\right|$ の作図により $|W(j\omega)|_{\omega=0.3}=0.51$ $\angle W(j\omega)_{\omega=0.3}=-12.5°$

$|W(j\omega)|_{\omega=2}=0.29$ $\angle W(j\omega)|_{\omega=2}=-125.3°$ が読みとれる.

7.2 省略

7.3 ゲイン 1, 位相差 $-90°$

7.4 位相余裕 57.4° ゲイン余裕 18.7 db

7.5 図15

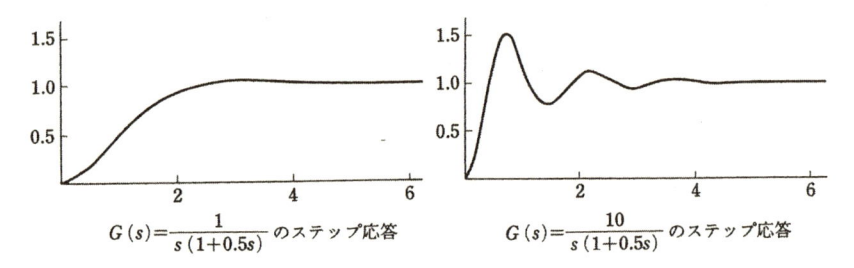

図15 問題7.5のステップ応答の比較

$G(s)=\dfrac{1}{s(1+0.5s)}$ のステップ応答

$G(s)=\dfrac{10}{s(1+0.5s)}$ のステップ応答

$K=1$ のとき 位相余裕 65.3° バンド幅 1.4 rad/sec

$K=10$ のとき 位相余裕 25.15° バンド幅 6.7 rad/sec

ゲインを増すと速応性は増すが安定度は減少し応答が振動的になることが分かる.

7.6 $M_p=1.2$

7.7 (1) $K_p=\infty$ $K_v=4$ $K_a=0$

(2) $K_p=5$ $K_v=0$ $K_a=0$

7.8 a. 定常出力値 1

b. 定常出力値 1.1

(a, bのように外乱の入る位置によって定常出力値が異なる点に注意).

7.9 (1) $K_v=5$ とするためには $K=5$ このとき位相余裕 26.3° である.

(2) $e_v=0.05$ とするためには $K=20$ であるから, このとき不安定となる. よってゲイン調整で $K_v=20$ とする安定な制御系はできない.

7.10 省略

8 章

8.1　$K=6.97$

8.2　9.4 db, すなわち, $K=2.95$

8.3　位相余裕 40° に保つためには $K=3.7$ が限度. よって定常速度偏差定数 $K_v=3.7$

8.4　位相余裕 40° とする $K=1.58$, ゲイン余裕 15 db とする $K=1.07$

8.5　直結フィードバックの位相余裕 43.2°, 定常速度偏差定数 $K_v=10$
位相遅れ補償を挿入したとき, $2\leqq K\leqq 7$ で仕様を満たす. (速応性の劣化を少なくするためには $K=7$ とするのが適当である.)

8.6　設計の一例を示しておく.
$K_v=15$ とするためにゲイン $K=15$ とする. このとき位相余裕は 14° 程度である. そこでやや余裕をみて $\omega=5$ 付近で最大位相進み 37° くらいになるよう

$$\sin 37° = \frac{1-\alpha}{1+\alpha}$$

より, α を決める. これより $\alpha=0.25$, $T=0.4$ が得られる. そこで

$$\frac{1+0.4s}{1+0.1s}$$

の位相進み補償を入れる. このとき $K_v=15$, $\phi_m=46.7°$ で仕様を満たす. この場合の $M_p\fallingdotseq 1.3$, $\omega_c\fallingdotseq 5.6$ rad/sec である.

図 16 (b) は, $G_c=1$, $K=1$ のときのステップ応答と比較したものであり速応性, 安定性も改善されている.

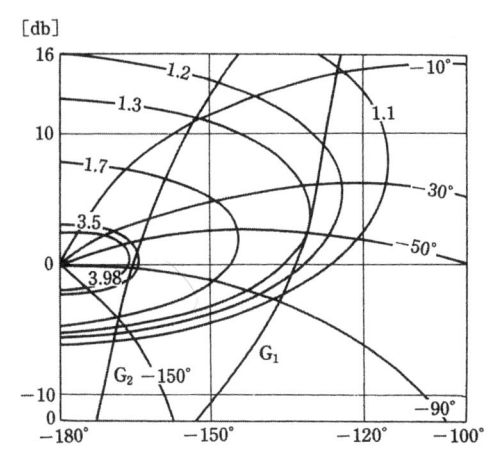

図 16 (a)　$G_1=\dfrac{15(1+0.4s)}{s(1+s)(1+0.1s)}$, $G_2=\dfrac{15}{s(1+s)}$ のゲイン位相曲線

196　演習問題解答

$G(s) = \dfrac{15(1+0.4s)}{s(1+s)(1+0.1s)}$ のステップ応答　補償後

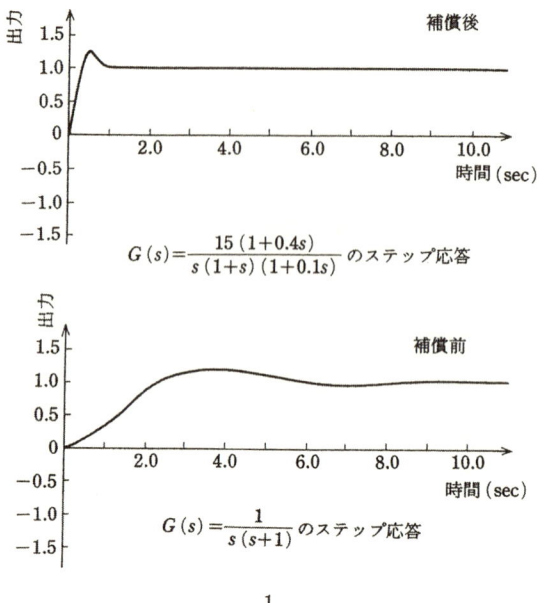

$G(s) = \dfrac{1}{s(s+1)}$ のステップ応答　補償前

図 16 (b)　$G(s) = \dfrac{1}{s(1+s)}$ のステップ応答比較

8.7　図 17 (a), (b)

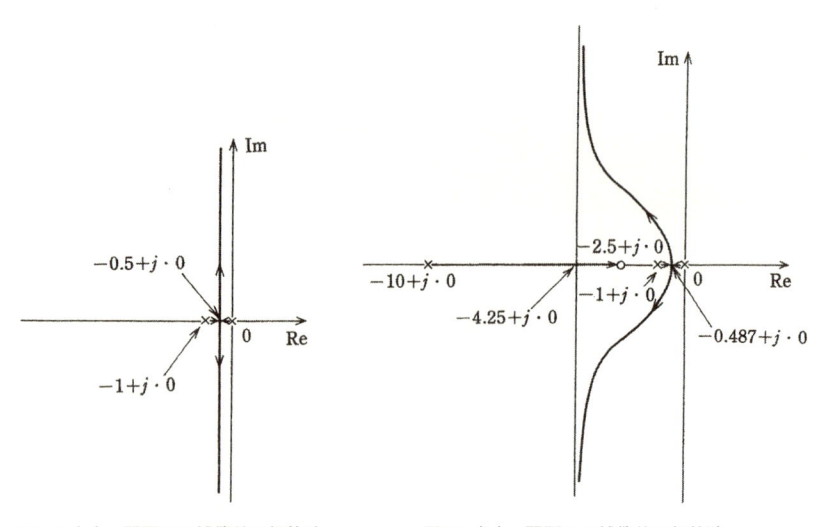

図 17 (a)　問題 8.7 補償前の根軌跡

-0.5+j・0
-1+j・0

図 17 (b)　問題 8.7 補償後の根軌跡

-2.5+j・0
-10+j・0
-4.25+j・0
-1+j・0
-0.487+j・0

8.8 図18

位相進み効果がある．

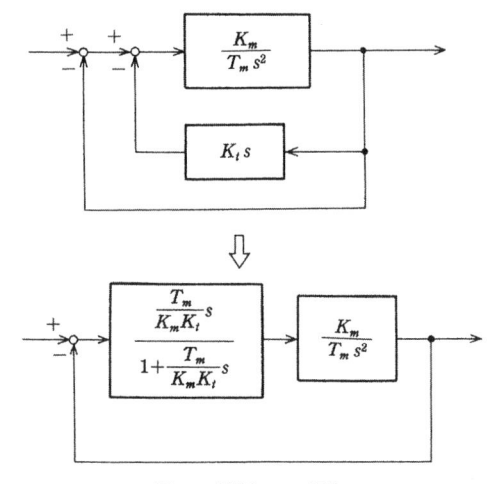

図18 問題8.8の解答

8.9 図19

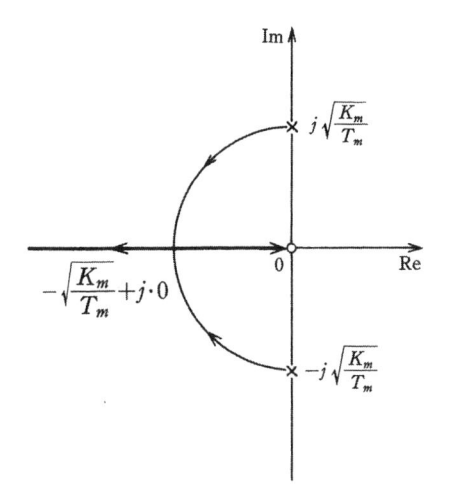

図19 問題8.9の根軌跡

9 章

9.1 図20

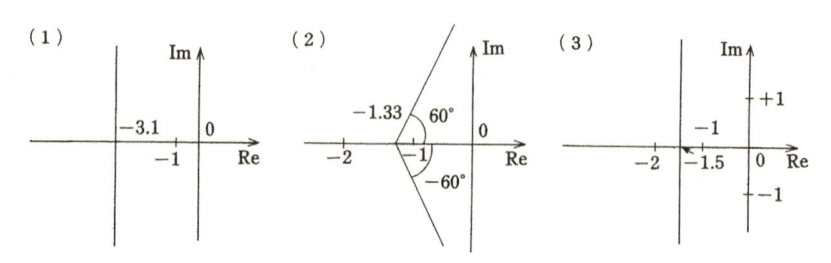

図20 問題9.1 根軌跡

9.2 　　(−2, 0)　(2) (−0.423, 0)
9.3 　　進出角 ±150°　(2) 進入角 ±0°
9.4 図21(a), (b)
9.5 図22　(2) の安定限界となるのは $K=120$ である．
　　2次では K を増大しても不安定根が生じない．3次では K を増すと不安定となる．
9.6 図23
　　$(1+0.5s)/(1+0.1s)$ が直列に結合されると根軌跡が左にずれ安定度が増す様子が分かる．
9.7 特性方程式 $s^2+as+K=0$ である K を一定とすると a がパラメータであるから a が分子となる一巡伝達関数 $as/(s^2+K)$ とすれば同様に扱える．$K=9$ の場合，
$$G(s)=as/(s^2+9)$$
として根軌跡を描くと図24のようになる．
9.8 図25(a), (b)
　　(1) $K=24.5$　(2) $K=21.5$

演習問題解答　199

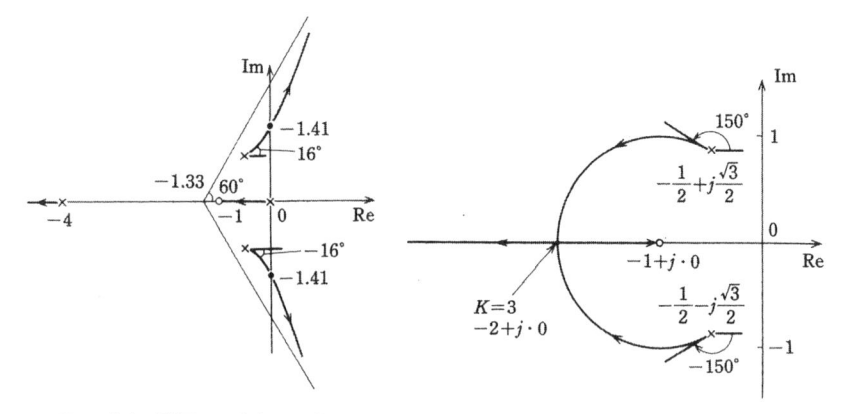

図 21 (a)　問題 9.4 (1) の根軌跡

図 21 (b)　問題 9.4 (2) の根軌跡

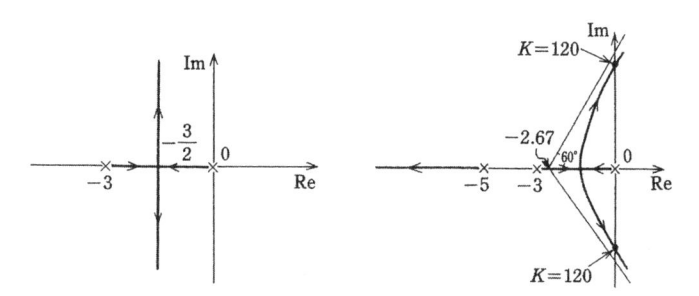

図 22　問題 9.5 の根軌跡

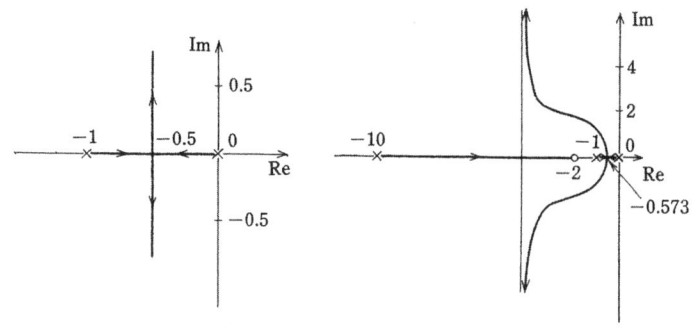

図 23　問題 9.6 の根軌跡

200   演習問題解答

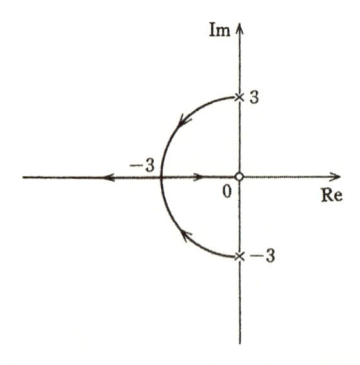

図24 問題9.7の a をパラメータとした根軌跡

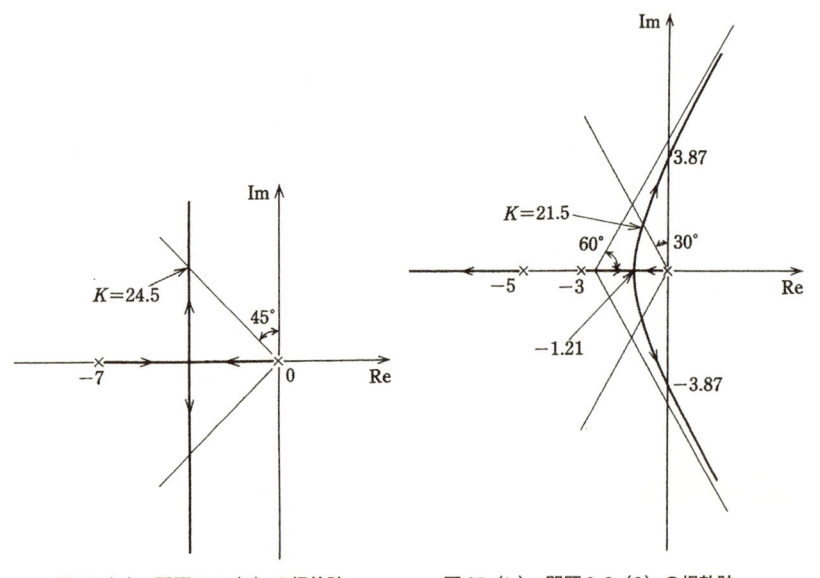

図25 (a) 問題9.8 (1) の根軌跡   図25 (b) 問題9.8 (2) の根軌跡

付録　MATLABの活用

技術計算のためのプログラミング言語のひとつにMATLABがある．このソフトウェアは行列演算に基づくもので，扱うすべての変数がベクトルまたは行列となっていることに特徴がある．ここでは，本書の内容の理解を深め，演習問題等の解法に役立つ主要なコマンドを紹介する．

A.1　伝達関数の記述

(1)　伝達関数

伝達関数が

$$G(s) = \frac{X(s)}{U(s)} = \frac{(b_0 s^m + b_1 s^{m-1} + \cdots + b_{m-1} s + b_m)}{(s^n + a_1 s^{n-1} + \cdots + a_{n-1} s + a_n)} \tag{A.1}$$

と与えられるとき，分子多項式と分母多項式の係数を行ベクトルで入力し，コマンドtfを用いて伝達関数を記述する．

```
>> num = [b₀ b₁ … b_{m-1} b_m]
>> den = [1 a₁ … a_{n-1} a_n]
>> G = tf(num,den)
```

たとえば，伝達関数が

$$G_0(s) = \frac{(s+12)}{s(s+6)} \tag{A.2}$$

のときは次のように入力する．または，多項式の係数を直接入力してもよい．

```
>> num = [1 12]
>> den = [1 6 0]
>> G0 = tf(num,den)
    または
>> G0 = tf([1 12],[1 6 0])
```

また，多項式の掛け算にはconvが利用できるので，先の伝達関数の分母多項式$s(s+6)$は

```
>> den = conv([1 0], [1 6])
```
と入力することもできる.

伝達関数は,零点,極,ゲイン を与えても入力できる.伝達関数表現が

$$H_0(s) = \frac{2s}{(s+1)(s+3)} \tag{A.3}$$

のとき,零点は0,極は-1と-3,ゲインは2とわかる.このような場合はコマンド zpk により次のように入力できる.

```
>> H0 = zpk([0],[-1 -3],[2])
```

2つの伝達関数 G_0 と H_0 を次のコマンドを用いて結合することも可能である.

直列結合	`>> Ssys = series(G0, H0)`
並列結合	`>> Psys = parallel(G0, ±H0)`
フィードバック結合	`>> Fsys = feedback(G0, H0)`
直結フィードバック	`>> Fsys1 = feedback(G0, 1)`

以上のコマンドを上手く組み合わせることで,閉ループ系の伝達関数が記述できる.

(2) 部分分数展開

コマンド residue により伝達関数の部分分数展開表現を求められる.ただし,直接展開式が表示されるのではなく,展開後の項の各係数が表示される.

$$G_{mp}(s) = \frac{s+2}{s(s+1)^2} = \frac{(-2)}{(s+1)} + \frac{(-1)}{(s+1)^2} + \frac{2}{s} \tag{A.4}$$

について,MATLAB の出力結果を確認すると次のとおりである.

```
>> [k, p] = residue([1 2], [1 2 1 0])
ans =
k =
    -2
    -1
     2
p =
    -1
    -1
     0
```

k は留数(展開後の項の分子の係数),p は根である.このように residue は分母

多項式に重複根がある場合にも利用できるが，出力結果の係数と項の順番に注意する必要がある．

A.2 過渡応答法

伝達要素や閉ループ系の過渡応答は，次のコマンドで表示できる．

   インパルス応答 `>> impulse(sys, t)`
   単位ステップ応答 `>> step(sys, t)`

t は応答の時間であり，開示時刻から 10 秒の間の応答を 0.01 秒刻みに表示する場合には，t = 0:0.01:10 と与えればよい．

単位ステップ応答波形は，複数の波形を重ねて表示させることができる．例えば，

$$G_1(s) = \frac{1}{s^2+s+2} \ , \ G_2 = \frac{20}{(s^2+s+2)(s+20)} \tag{A.5}$$

の応答波形を比較する（演習問題 4.7）．

   伝達要素 1 `>> sys1 = tf([1],[1 1 2])`
   伝達要素 2 `>> sys2 = tf([20],[1 21 22 40])`
   単位ステップ応答 `>> step(sys1,'-', sys2, '--', 0:0.01:5)`

これらを実行すると図 A.1 のように，ほぼ同じ出力波形となることが確認できる．伝達要素の極（特性根）や零点の配置は pzmap(sys) で確認できる．また特性方程式の根は roots([多項式]) により求めることができる．

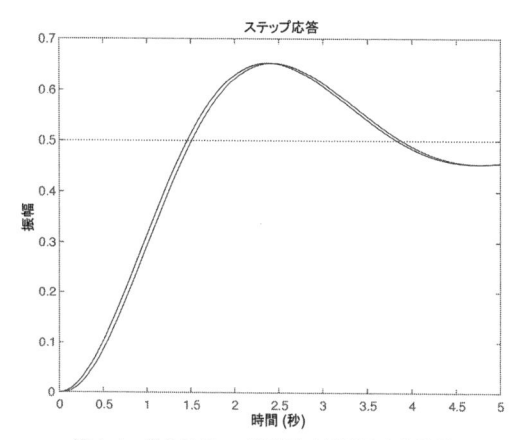

図 A.1 単位ステップ応答出力波形の出力結果

さらに，ステップ応答波形を見て，フィードバック制御系の速応性を確認したいときにはコマンド stepinfo(sys) を利用するとよい．立ち上がり時間，整定時間，最大値行過ぎ量等がわかる．

MATLAB にはランプ応答を表示させるコマンドはない．そこで，過渡応答を表示させたい場合には，系の記述を工夫して表示させる．例えば，一次遅れ要素のランプ応答は impulse や step を応用して次のようにする．

一次遅れ要素　　>> G = tf([1],[1 1])
　　　　　　　　>> sys = series(G,tf([1],[1 0 0]))
　　　　　　　　>> impulse(sys,0:0.01:5)
　　　　　　　　　　または
　　　　　　　　>> sys = series(G,tf([1],[1 0]))
　　　　　　　　>> step(sys,0:0.01:5)

A.3　周波数応答法

(1)　ベクトル軌跡（ナイキスト線図）

ベクトル軌跡を描くには，ナイキスト線図を描く nyquist のコマンドを利用する．ナイキスト線図は周波数全域を描くため，正の周波数領域を描くよう指定する．

伝達関数が次のように与えられたとする（演習問題 5.1(3)）．

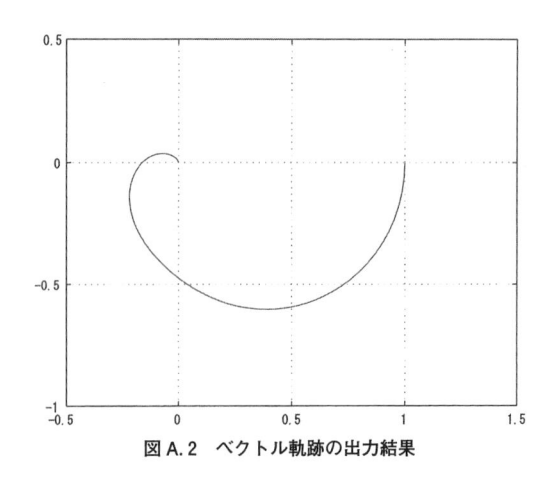

図 A.2　ベクトル軌跡の出力結果

$$G(s) = \frac{1}{(1+s+s^2)(1+5s)} = \frac{1}{5s^3+6s^2+6s+1} \tag{A.6}$$

このとき，次を実行するとベクトル軌跡を描くことができる（図A.2）．

```
>> G = tf([1],[5 6 6 1])
>> w = 0:0.01:10;
>> [Re,Im]= nyquist(G,w);
>> plot(Re(:,:),Im(:,:))
>> axis([-0.5 1.5 -1.0 0.5])
>> grid
```

(2) ボード線図

MATLABではボード線図も容易に描くことができ，演習等で描いた近似ゲイン曲線や近似位相曲線の確認ができる．

```
>> bode(num, den)
>> [mag, phase]= bode(sys, w)
```

（表示の際には，magdB = 20 * log10(mag) で変換する．）

次の伝達関数のボード線図を描いてみる（演習問題5.8）．logspaceにより応答評価とプロットに使用する範囲とデータ点数を指定できる．（図A.3）

$$G(s) = \frac{4+8s}{s(s^2+2s+4)} \tag{A.7}$$

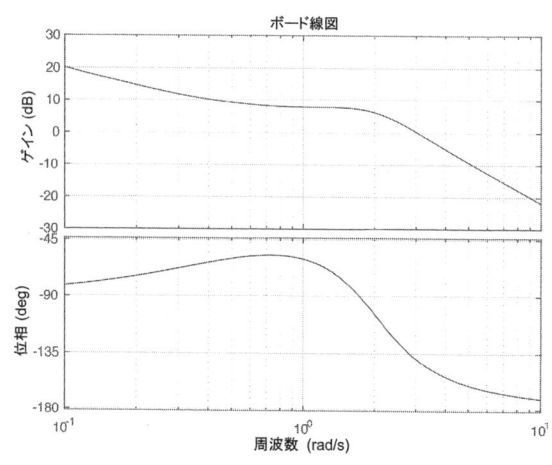

図A.3 ボード線図の出力結果

```
>> P = tf([8 4],[1 2 4 0])
>> bode(P,logspace(-1, 1, 1000))
>> grid
```

A.4 制御系の安定判別

(1) 特性方程式の根による安定判別法

フィードバック制御系が安定となるためには，その特性方程式のすべての根の実部が負となっていればよい．伝達関数

$$P(s) = \frac{1}{s^2+s+2} \tag{A.8}$$

について，直結フィードバックを施したときの閉ループ系の安定性の判別は次のように確認できる．

```
>> P = tf([1],[1 1 2])
>> Fsys = feedback(P,1)
>> [Fsysnum,Fsysden]=tfdata(Fsys,'v')
>> roots(Fsysden)
```

出力結果は $-0.50 \pm 1.69i$ であり，根の実部が負であることがわかる．

コマンド roots は多項式の根を求められることから，ラウス表を作らず不安定根の有無と不安定根の数が確認できる．例えば，演習問題 6.2 の (1) $s^3+s^2+4s+3=0$ と (2) $s^4+3s^3+2s^2+s+1=0$ はそれぞれ

```
>> roots([1 1 4 3])
ans =
      -0.1084±1.9541i, -0.7832
```

であり安定,

```
>> roots([1 3 2 1 1])
ans =
      -2.2056, -1.0000; 0.1028±0.6655i
```

となり，複素数解の実部が正であり不安定（不安定根が2つ）であることが直に確認できる．

(2) 簡単化されたナイキストの安定判別法

一巡伝達関数のベクトル軌跡を描き，$(-1, j0)$ の点近傍の軌跡上から見て，$(-1, j0)$ の点を常に左に見ればその閉ループ系は安定，右に見れば不安定である．

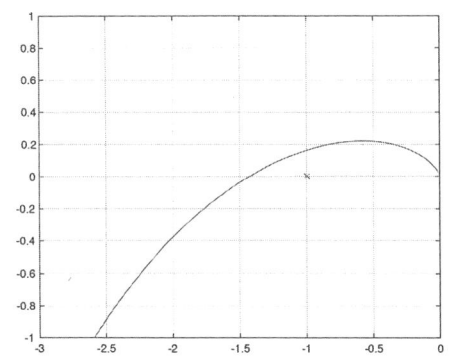

図A.4 簡単化されたナイキストの安定判別法

一巡伝達関数

$$G(s)H(s) = \frac{K}{(s+1)(s+0.5)(s+3)} \quad (A.9)$$

で与えられるフィードバック制御系（演習問題6.6）は，$0 < K < 21$ の範囲で安定，$K = 21$ で安定限界，$K > 21$ の範囲では不安定となる．今，$K = 30$ のときのベクトル軌跡を描いてみる．

```
>> GH = zpk([ ],[-1 -0.5 -3],[30])
>> w = 0 : 0.01 : 10;
>> [Re,Im] = nyquist(GH,w);
>> plot(Re(:,:),Im(:,:))
>> axis([-3 0 -1 1])
>> grid
```

の出力結果より，ゲインが30の場合には $(-1, j0)$ の点を右に見るので不安定となることがわかる．

A.5 制御系の性能

(1) ゲイン余裕，位相余裕

ゲイン余裕と位相余裕については，次のコマンドで求めることができる．

```
>> [Gm, Pm, wp, wg] = margin(sys)
```

（ただし，GmdB = 20 * log10(Gm) によりデシベル値に変換する.）

G_m はゲイン余裕，P_m は位相余裕，w_p は位相交点周波数，w_g はゲイン交点周波

数を表す.

次の伝達関数の直結フィードバック系の位相余裕とゲイン余裕を求めてみよう(演習問題7.4).

$$G(s) = \frac{1}{2s(s+1)(0.3s+1)} \tag{A.10}$$

直結フィードバック系であるので,一巡伝達関数も同じである.

```
>> sys = zpk([], [0 -1 -10/3], [10/3/2])
>> [Gm, Pm, wp, wg] = margin(sys)
>> GmdB = 20 * log10(Gm)
```

ゲイン余裕は18.76[dB],位相余裕は57.98[°]と出力される.

伝達関数の直結フィードバック系のM_p値も求めることができる(演習問題7.6).

$$G(s) = \frac{6}{s(s+2)(s+3)} \tag{A.11}$$

```
>> G = zpk([], [0 -2 -3], [6])
>> FG1 = feedback(G, 1)
>> w = logspace(-2, 2, 1000);
>> [FG1gain, FG1phase] = bode(FG1, w);
>> [Mp, wp] = max(FG1gain)
>> wp = w(wp)
```

を実行すると,閉ループ系のゲインの最大値は$M_p=1.19$,共振周波数は$\omega_p=0.92$[rad/s]であることがわかる.また,バンド幅を求めるコマンドにはbandwidth(sys)がある.

(2) その他のコマンド

MATLABには根軌跡をプロットするコマンドrlocus(sys)やニコルス線図をプロットするコマンドnichols(sys)も準備されている.

他にも種々のコマンドが用意されており,詳細についてはhelpコマンドやヘルプにあるマニュアルを参考にされたい.

参考文献

制御工学に関してはすでに和・洋書ともに多くの良書が出版されている．ここでは特に本書の執筆にあたり全般的に参考にさせていただいた図書だけを記しておく．

1．明石　一：制御工学，共立出版（1978）
2．楠木義一・添田　喬：わかる自動制御，日新出版（1983）
3．添田　喬・中溝高好：わかる自動制御演習，日新出版（1970）
4．原島文雄・塚本修巳：電気制御の基礎，日刊工業新聞社（1972）
5．大島康次郎・荒木献次：サーボ機構，オーム社（1980）
6．伊藤正美：自動制御概論，昭晃堂（1975）
7．J. J. DiStefano, A. R. Stubberud and I. J. Williams : Feedback and Control Systems, McGraw-Hill Book Co. (1967)
8．H. Chestnut and R. W. Mayer : Servomechanisms and Regulating-System Design, Vol. 1, John Wiley (1957)

さくいん

ア	安　定	100
	安定限界	102
イ	位　相	76
	位相遅れ補償	156
	位相交点	132
	位相差	76
	位相条件	150
	位相進み遅れ補償	156
	位相進み補償	156
	位相余裕	132
	一次遅れ要素	36
	一巡伝達関数	47
	インディシャル応答	58
	インパルス応答	58
エ	M_p 規範	132
オ	オイラー（Euler）の公式	12
	オクターブ	86
	遅れ時間	138
カ	解　析	7
	外　乱	4
	過制動	69
	過渡応答	58
	簡単化されたナイキストの安定判別手順	113
キ	基準入力	4
	逆ベクトル軌跡	85
	逆ラプラス変換	17
	共振周波数	135
	共役複素数	10
	極	25
	極形式	11
ク	加え合せ点	41
ケ	系（システム，system）	4
	ゲイン	76
	ゲイン位相線図	98
	ゲイン交点	132
	ゲイン交点周波数	134
	ゲイン条件	174
	ゲイン調整	150
	ゲイン余裕	132
	検出部	4
	減衰係数	39
コ	高域沪波器	165
	合成積	24
	固有周波数	39
	根軌跡	172
サ	最終値の定理	21
	最大行過ぎ量	137
	最大位相遅れ	157
	最大位相進み	160
	サーボ機構	135, 148
シ	自動制御	1
	自動制御系	4
	周波数応答	74

さくいん　211

	周波数応答関数	75		直列結合	43
	周波数伝達関数	75		直列補償	155
	周波数特性	74	テ	低周波沪過特性	156
	周波数比	79		定常位置偏差	141
	主座小行列式	109		定常位置偏差定数	142
	主フィードバック	171		定常加速度偏差	143
	初期値の定理	21		定常加速度偏差定数	143
	信号経路	41		定常状態	63
	振幅減衰率	138		定常速度偏差	142
ス	ステップ応答	58		定常速度偏差定数	143
セ	制　御	1		定常偏差	141
	制御系の型	144		デカード	86
	制御装置	4		デシベル(db)値	86
	制御対象	4		δ(デルタ)関数	16
	制御量	4		伝達関数	34
	整定時間	138		伝達要素	33, 41
	積分動作	149	ト	等 N 線図	128
	積分要素	35		等 $M. N$ 線図	125
	設　計	7		等 M 線図	126
	絶対値	11		動的システム (dynamical system)	9
	折　点	89		時定数	64
	折点周波数	89		特性根	25
	線形化	36		特性方程式	25
ソ	操作部	4		ド・モアブル (de Moivre) の定理	12
	速応性	123	ナ	ナイキスト線図	111
	速度発電機	164		ナイキスト (Nyquist) 法	104
タ	帯域幅	138	ニ	ニコルス線図	129
	代表特性根	70		二次遅れ要素	38
	立上り時間	138		二次標準形	39
	単位ステップ関数	16	ハ	パーセントオーバーシュート	137
	単一フィードバック系	55	ヒ	引き出し点	41
チ	調節部	4		微分動作	149
	直結フィードバック系	55		比例動作	149

	比例要素	35	ヘ	閉ループ伝達関数	47
	PID 制御	167		並列結合	43
	PI 補償	168		ベクトル軌跡	77
	PD 補償	168		ヘビサイド (Heviside) の展開定理	25
	PID 補償	168		偏　角	11
フ	不安定	100		偏　差	54
	フィードバック	2	ホ	ボード線図	76
	フィードバック結合	43		ボード線図の近似折線	89
	フィードバック補償	156	マ	MATLAB	201
	複素数	10	モ	目標値	4
	複素平面	11	ラ	ラウス数列	105
	不足制動	69		ラウス配列表	105
	部分分数展開	17		ラウス (Routh) 法	104
	フルビッツ (Hurwitz) 法	104		ラプラス積分	14
	プロセス制御系	148		ラプラス変換	14
	ブロック線図	41		ランプ入力	71
	ブロック線図の等価変換	47	リ	臨界制動	69
	ブロックの基本結合法則	43	レ	零　点	25

著者紹介

小林伸明 （こばやし　のぶあき）
　　1976年　熊本大学大学院工学研究科修士課程修了
　　専　攻　制御工学
　　元　　　金沢工業大学教授
　　　　　　工学博士

鈴木亮一 （すずき　りょういち）
　　1999年　北陸先端科学技術大学院大学情報科学研
　　　　　　究科博士後期課程修了
　　専　門　制御工学
　　現　在　金沢工業大学ロボティクス学科教授
　　　　　　博士（情報科学）

情報・電子入門シリーズ②
基礎制御工学〔増補版〕

検印廃止

1988年11月1日　初版1刷発行 2015年1月25日　初版75刷発行 2016年3月10日　増補版1刷発行 2024年2月20日　増補版12刷発行	著　者　小林伸明　©2016 　　　　鈴木亮一 発行者　南條光章

発行所　共立出版株式会社
　　　　〒112-0006　東京都文京区小日向4-6-19
　　　　電話 03-3947-2511　振替 00110-2-57035
　　　　URL www.kyoritsu-pub.co.jp

印刷：新日本印刷／製本：ブロケード
NDC 548.3／Printed in Japan

一般社団法人
自然科学書協会
会員

ISBN 978-4-320-02449-6

■機械工学関連書

www.kyoritsu-pub.co.jp　**共立出版**

生産技術と知能化 (S知能機械工学1)………山本秀彦著	基礎 制御工学 増補版(情報・電子入門シリーズ2) 小林伸明他著
情報工学の基礎 (S知能機械工学2)………谷　和男著	詳解 制御工学演習………………………明石　一他著
現代制御 (S知能機械工学3)………………山田宏尚他著	工科系のためのシステム工学 力学・制御工学 山本郁夫他著
構造健全性評価ハンドブック……構造健全性評価ハンドブック編集委員会編	基礎から実践まで理解できるロボット・メカトロニクス 山本郁夫他著
入門編 生産システム工学 総合生産工学への第6版……人見勝人著	ロボティクス モデリングと制御(S知能機械工学4) 川﨑晴久著
衝撃工学の基礎と応用………………横山　隆編著	熱エネルギーシステム 第2版(機械システム入門S10) 加藤征三編著
機械系の基礎力学………………………山川　宏著	工業熱力学の基礎と要点………………中山　顕他著
機械系の材料力学………………………山川　宏他著	熱流体力学 基礎から数値シミュレーションまで………中山　顕他著
わかりやすい材料力学の基礎 第2版……中田政之他著	伝熱学 基礎と要点………………………菊地義弘他著
詳解 材料力学演習 上・下………………斉藤　渥他著	流体工学の基礎…………………………大坂英雄他著
固体力学の基礎 (機械工学テキスト選書1)……田中英一著	流体の力学………………………………太田　有他著
工学基礎 固体力学……………………園田佳巨他著	流体力学の基礎と流体機械……………福島千晴他著
超音波による欠陥寸法測定…小林英男他編集委員会代表	空力音響学 渦音の理論…………………淺井雅人他訳
破壊事故…………………………………小林英男編著	例題でわかる基礎・演習流体力学……前川　博他著
構造振動学………………………………千葉正克他著	対話とシミュレーションムービーでまなぶ流体力学 前川　博著
基礎 振動工学 第2版……………………横山　隆他著	流体機械 基礎理論から応用まで………山本　誠他著
機械系の振動学…………………………山川　宏著	流体システム工学(機械システム入門S12) 菊山功嗣他著
わかりやすい振動工学…………………砂田勝昭他著	わかりやすい機構学……………………伊藤智博他著
弾性力学…………………………………荻　博次著	気体軸受技術 設計・製作と運転のテクニック 十合晋一他著
繊維強化プラスチックの耐久性………宮野　靖他著	アイデア・ドローイング コミュニケーションツールとして 第2版 中村純生著
複合材料の力学…………………………岡部朋永他訳	JIS機械製図の基礎と演習 第5版………武田信之改訂
図解 よくわかる機械加工……………武藤一夫著	JIS対応 機械設計ハンドブック…………武田信之著
材料加工プロセス ものづくりの基礎……山口克彦他編著	技術者必携 機械設計便覧 改訂版………狩野三郎著
ナノ加工学の基礎………………………井原　透著	標準 機械設計図表便覧 改新増補5版…小栗冨士雄他共著
機械・材料系のためのマイクロ・ナノ加工の原理 近藤英二著	配管設計ガイドブック 第2版…………小栗冨士雄他共著
機械技術者のための材料加工学入門……吉田総仁他著	CADの基礎と演習 AutoCAD2011を用いた2次元基本製図 赤木徹也他共著
基礎 精密測定 第3版……………………津村喜代治著	はじめての3次元CAD SolidWorksの基礎 木村　昇著
X線CT 産業・理工学でのトモグラフィー実践活用 戸田裕之著	SolidWorksで始める3次元CADによる機械設計と製図 宋　相載他著
図解 よくわかる機械計測………………武藤一夫著	無人航空機入門 ドローンと安全な空社会………滝本　隆著